水与环境的可持续发展

2019年第二届水与环境可持续发展国际会议论文集

Sustainable Development of Water and Environment: Proceedings of the ICSDWE 2019

本书由南京水利科学研究院出版基金资助出版

[主编] 孙荣 李飞

[译] 丁瑞 柳杨
盛林华 王蔚
乌景秀 吴志钢

河海大学出版社
HOHAI UNIVERSITY PRESS
·南京·

First published in English under the title
Sustainable Development of Water and Environment: Proceedings of the ICSDWE 2019
edited by Rong Sun and Li Fei
Copyright © Springer Nature Switzerland AG, 2019
This edition has been translated and published under licence from
Springer Nature Switzerland AG.

图字：10-2022-317 号

图书在版编目（CIP）数据

水与环境的可持续发展：2019 年第二届水与环境可持续发展国际会议论文集 / 孙荣，李飞主编；丁瑞等译 . -- 南京：河海大学出版社，2023.5
书名原文：Sustainable Development of Water and Environment: Proceedings of the ICSDWE 2019
ISBN 978-7-5630-8217-9

Ⅰ.①水… Ⅱ.①孙…②李…③丁… Ⅲ.①水环境—可持续性发展—国际会议—文集 Ⅳ.① X143-53

中国国家版本馆 CIP 数据核字（2023）第 067655 号

书　　名	水与环境的可持续发展：2019 年第二届水与环境可持续发展国际会议论文集 SHUI YU HUANJING DE KECHIXU FAZHAN: 2019 NIAN DI-ER JIE SHUI YU HUANJING KECHIXU FAZHAN GUOJI HUIYI LUNWENJI
书　　号	ISBN 978-7-5630-8217-9
责任编辑	金　怡
责任校对	卢蓓蓓
封面设计	张育智　周彦余
出版发行	河海大学出版社
地　　址	南京市西康路 1 号（邮编：210098）
网　　址	http://www.hhup.com
电　　话	（025）83737852（总编室）（025）83722833（营销部）
经　　销	江苏省新华发行集团有限公司
排　　版	南京布克文化发展有限公司
印　　刷	广东虎彩云印刷有限公司
开　　本	710mm×1000mm　1/16
印　　张	11
字　　数	197 千字
版　　次	2023 年 5 月第 1 版
印　　次	2023 年 5 月第 1 次印刷
定　　价	98.00 元

翻译人员表

章序	章名	译者
	前言	丁瑞
1	环境监测	盛林华、柳杨、吴志钢
2	环境化学	丁瑞、谢忱、盛林华
3	水资源与水环境	丁瑞、乌景秀、王蔚、粟一帆

前言
PREFACE

尊敬的各位作者和嘉宾：

欢迎各位与会者参加在中国香港举办的2019年第二届水与环境可持续发展国际会议（ICSDWE 2019）。ICSDWE 2019致力于可持续发展、水资源、环境监测和环境化学领域前沿研究的开拓和发展。

ICSDWE 2019会议的宗旨是介绍水环境可持续发展方向的各类研究人员（教授、青年学者、研究生、工程师等）的最新研究成果。其为学术科学家、工程师和行业研究人员提供一个交流和分享专业知识、经验、新想法和研究成果的机会，并讨论他们的专业知识所面临的挑战和未来。该会议还为学生、研究人员和工程师提供了一个可以就技术问题和研究领域的未来发展方向与专家进行交流的平台。

会议论文由会议委员会成员和国际评审人员评审后选定。为了达成本次会议的目的，会议论文录用标准主要为论文本身的原创性、逻辑清晰度和研究内容的重要性。所收录论文应为读者提供有关可持续发展、水资源、环境监测和环境化学领域最新进展的概述。会议议程将会非常丰富，会场报告影响力将会非常大。我们希望会议会对这些相关科学领域有重要贡献。我谨代表组委会感谢所有技术委员会成员、审稿人、发言人、主席、赞助商和会议参与者对本次会议的支持和贡献。我们期待您参加ICSDWE 2020。

致以最诚挚的问候！

孙 荣 中国厦门
李 飞 中国武汉

目录
CONTENTS

第一章　环境监测 ··· 001
  冻土带低温水文地质系统的微生物学监测 ··· 002
    1　引言 ··· 002
    2　实验材料与方法 ··· 003
    3　研究结果 ·· 004
    4　结论和建议 ··· 005
    参考文献 ·· 006
  菲律宾打拉省灌溉水源的理化和微生物水质指标调查 ······································· 007
    1　引言 ··· 007
    2　实验方法 ·· 008
      2.1　收集打拉省现有灌溉水源的数据 ·· 008
      2.2　水样采集 ·· 009
      2.3　水质分析 ·· 009
      2.4　数据分析 ·· 009
    3　结果与讨论 ··· 009
      3.1　总可溶性固形物（TSS）和化学需氧量（COD） ························· 009
      3.2　重金属（铅和汞） ··· 010
      3.3　溶解氧（DO）和 pH ··· 011
      3.4　总溶解固体和电导率 ·· 012
      3.5　硝酸盐 ··· 012
      3.6　粪大肠菌群和大肠杆菌 ·· 013
    4　结论和建议 ··· 014

参考文献 ··· 014

UV-LED 灭活水中大肠杆菌的效能研究 ································ 016
　　1　引言 ·· 016
　　2　实验材料与方法 ·· 017
　　　2.1　实验仪器与方法 ··· 017
　　　2.2　实验材料 ·· 018
　　　2.3　分析方法 ·· 018
　　3　实验结果与讨论 ·· 018
　　　3.1　浊度对 UV-LED 灭活大肠杆菌的影响 ···················· 018
　　　3.2　腐植酸（HA）对大肠杆菌灭活率的影响 ················· 019
　　　3.3　常见无机阳离子对大肠杆菌灭活率的影响 ··············· 020
　　　3.4　常见无机阴离子对大肠杆菌灭活率的影响 ··············· 021
　　　3.5　检测溶液中核酸的释放 ·· 022
　　4　结论 ·· 023
　　参考文献 ·· 023

环境样品中放射性核素的活性分析 ······································ 025
　　1　引言 ·· 025
　　2　实验材料与方法 ·· 026
　　3　实验结果与讨论 ·· 028
　　　3.1　化学分析 ·· 028
　　　3.2　放射风险评估 ·· 029
　　4　结论 ·· 031
　　参考文献 ·· 031

基于多时相遥感影像的上海城市扩张分析 ···························· 032
　　1　引言 ·· 032
　　2　研究区域 ··· 033
　　3　数据来源和预处理 ··· 033
　　　3.1　遥感图像分类 ·· 033
　　　3.2　中心城区的边界提取 ··· 034
　　4　中心城区空间分析 ··· 034
　　　4.1　空间面积变化分析 ·· 034
　　　4.2　空间形态变化分析 ·· 036

  4.3 重心指数分析 ·············· 037
 5 驱动力分析 ·············· 037
 6 结论 ·············· 038
 参考文献 ·············· 039

绿色建筑屋顶花园创新模式研究 ·············· 040
 1 相关概念 ·············· 040
  1.1 屋顶花园 ·············· 040
  1.2 城市热岛效应 ·············· 041
 2 屋顶花园的功能和意义 ·············· 041
 3 屋顶花园与地面花园的设计因素差异 ·············· 041
 4 屋顶花园的植物选择要求 ·············· 041
 5 屋顶绿化调查 ·············· 041
  5.1 调查结果展示Ⅰ（见图1） ·············· 042
  5.2 调查结果展示Ⅱ（见图3） ·············· 043
  5.3 调查结果展示Ⅲ ·············· 043
 6 休闲生态综合屋顶花园模式探讨 ·············· 044
  6.1 不同类型屋顶花园建筑的温湿度测量 ·············· 044
  6.2 总体目标 ·············· 045
  6.3 框架设计 ·············· 045
  6.4 植被设计 ·············· 046
  6.5 生态链设计 ·············· 046
 7 结论 ·············· 046
 参考文献 ·············· 046

第二章 环境化学 ·············· 049
负载nZVFe/Ag双金属的磺化聚苯乙烯微球的制备及其在3-CP催化还原中的应用 ·············· 050
 1 引言 ·············· 051
 2 实验过程 ·············· 052
  2.1 实验材料和实验方法 ·············· 052
  2.2 磺化聚苯乙烯微球的合成 ·············· 052
  2.3 SPS@Ag的制备 ·············· 053
  2.4 SPS@nZVFe/Ag的制备 ·············· 053

2.5　SPS@nZVFe/Ag 催化还原 3-CP ……………………………… 053
　　3　实验结果与讨论 …………………………………………………… 054
　　4　结论 ………………………………………………………………… 060
　　参考文献 ………………………………………………………………… 062

利用太阳能余热的流化床燃气加热器的研制　065
　　1　引言 ………………………………………………………………… 065
　　2　实验过程 …………………………………………………………… 066
　　3　结果与讨论 ………………………………………………………… 067
　　4　结论 ………………………………………………………………… 070
　　参考文献 ………………………………………………………………… 071

连续式电子束辐照水处理反应器水动力特性研究进展　072
　　1　简介 ………………………………………………………………… 072
　　2　不同种类反应器的特点 …………………………………………… 073
　　3　水流吸收剂量 ……………………………………………………… 076
　　4　反应器的水动力学特性 …………………………………………… 078
　　5　电子束辐照反应器的研究前景 …………………………………… 079
　　　5.1　瀑布式和射流式反应器 ……………………………………… 080
　　　5.2　喷雾式反应器 ………………………………………………… 081
　　　5.3　上流式反应器 ………………………………………………… 081
　　6　结论 ………………………………………………………………… 082
　　参考文献 ………………………………………………………………… 083

选定建筑结构的环境影响　086
　　1　引言 ………………………………………………………………… 086
　　2　材料与方法 ………………………………………………………… 087
　　　2.1　垂直结构 ……………………………………………………… 087
　　　2.2　环境评估 ……………………………………………………… 087
　　　2.3　多标准评价 …………………………………………………… 088
　　3　结果与分析 ………………………………………………………… 089
　　4　结论 ………………………………………………………………… 092
　　参考文献 ………………………………………………………………… 093

基于主成分分析的济南市雾霾污染分析　095
　　1　引言 ………………………………………………………………… 095

2 材料与方法 ……………………………………………………… 096
   2.1 研究区域 …………………………………………………… 096
   2.2 研究方法 …………………………………………………… 096
   2.3 指标选择 …………………………………………………… 096
   2.4 数据来源 …………………………………………………… 097
3 结果 …………………………………………………………… 097
4 讨论 …………………………………………………………… 101
   4.1 区域经济发展 ……………………………………………… 101
   4.2 城市化进程 ………………………………………………… 101
   4.3 地形 ………………………………………………………… 101
5 结论 …………………………………………………………… 101
   5.1 改变经济发展模式 ………………………………………… 102
   5.2 改善能源消耗结构 ………………………………………… 102
   5.3 控制车辆尾气排放，提倡绿色出行 ……………………… 102
参考文献 ………………………………………………………… 102

第三章　水资源与水环境 …………………………………………… 105

基于层次分析法的吸油毡吸附能力综合评价 ……………………… 106

1 引言 …………………………………………………………… 106
2 吸油毡性能评价指标 ………………………………………… 107
3 基于 AHP 的吸油毡性能评价 ………………………………… 107
   3.1 AHP 简介 …………………………………………………… 107
   3.2 指标体系构建 ……………………………………………… 108
   3.3 评分标准与指标权重 ……………………………………… 108
4 案例分析 ……………………………………………………… 109
5 结论 …………………………………………………………… 110
参考文献 ………………………………………………………… 110

基于 MODFLOW 模型的潍坊市北部超采区地下水位恢复研究 ……… 113

1 引言 …………………………………………………………… 113
2 方法与数据 …………………………………………………… 115
   2.1 研究区域 …………………………………………………… 115
   2.2 研究方法 …………………………………………………… 115
3 结果与讨论 …………………………………………………… 117

005

3.1　工况 A：现状方案 ·· 119
  3.2　工况 B1 至 B3：不同的水利用率系数 ······························ 119
  3.3　方案 C1 至 C3：地下水源的不同替代方式 ·························· 119
  3.4　方案 D：综合方案 ·· 120
 4　结论 ··· 121
  参考文献 ·· 121

结合太阳能烟囱的加湿－除湿海水淡化系统设计 ·························· 124
 1　项目简介 ·· 124
 2　数学模型 ·· 125
  2.1　太阳能收集器 ·· 125
  2.2　烟囱 ··· 126
  2.3　蒸发和冷凝 ·· 127
 3　研究结果和讨论 ··· 127
  3.1　系统性能 ·· 127
  3.2　瞬态性能分析 ·· 128
 4　结论 ··· 129
  参考文献 ·· 130

内蒙古乌梁素湖挺水植物对水体恢复的影响 ······························ 131
 1　材料和方法 ·· 132
  1.1　试验区域 ·· 132
  1.2　试验材料 ·· 132
  1.3　试验设计 ·· 133
  1.4　指标检测 ·· 133
  1.5　数据分析 ·· 133
 2　结果和分析 ·· 133
  2.1　不同生长阶段 TN、TP 净化效果比较 ································ 133
  2.2　不同生长阶段 COD 净化效果比较 ··································· 133
 3　结论和讨论 ·· 135
  参考文献 ·· 135

黄河源区生态供水服务对土地覆盖变化的响应 ···························· 137
 1　引言 ··· 137
 2　材料与方法 ·· 138

2.1 研究区域概况 ……………………………………………………… 138
  2.2 数据来源与处理 …………………………………………………… 138
  2.3 研究区域 …………………………………………………………… 139
 3 结果与分析 …………………………………………………………… 140
  3.1 研究区土地覆盖结构分析 ………………………………………… 140
  3.2 供水变化的时空差异 ……………………………………………… 141
  3.3 黄河源区土地覆盖类型分区统计比较 …………………………… 142
  3.4 CA-Markov 模型预测覆盖率数据 ………………………………… 143
  3.5 土地覆盖变化与供水功能 ………………………………………… 144
 4 结论与讨论 …………………………………………………………… 146
 参考文献 ………………………………………………………………… 147

九龙江流域河流结构及空间布局 …………………………………… 149

 1 引言 …………………………………………………………………… 149
 2 研究方法 ……………………………………………………………… 150
  2.1 研究区域 …………………………………………………………… 150
  2.2 数据来源 …………………………………………………………… 151
  2.3 自然环境和社会环境因素 ………………………………………… 151
 3 结果 …………………………………………………………………… 151
  3.1 九龙江空间格局 …………………………………………………… 151
  3.2 河流分布的区域分异 ……………………………………………… 152
  3.3 自然环境因子影响下的河流空间格局 …………………………… 152
  3.4 社会环境因素影响下的河流空间格局 …………………………… 155
 4 讨论 …………………………………………………………………… 156
 5 结论 …………………………………………………………………… 160
 参考文献 ………………………………………………………………… 160

第一章

环境监测

冻土带低温水文地质系统的微生物学监测

安德烈·苏博汀（Andrey Subbotin），谢尔盖·彼得罗夫（Sergey Petrov），柳博夫·纳切坚科（Lyubov Gnatchenko），马克西姆·纳鲁斯科（Maxim Narushko）

摘要：破坏性低温过程的发展导致多年冻土退化，导致长期保存在多年冻土层中的微生物被释放到现代水生生物群落中，该类微生物存在于早期地质时代，其生存环境的气候和生态系统与现代差异较大。该工作的目的是研究分离自俄罗斯亚寒带多年冻土的不同菌属（芽孢杆菌属、假单胞菌属、不动杆菌属、李斯特菌属）细菌代谢产物对单细胞水生草履虫的形态生理参数的影响。研究表明，古老的自然冰冻带生态系统细菌的次生代谢产物可能会对单细胞水生生物的生理参数产生负面影响。在不同温度下获得的细菌代谢物，对草履虫的生理参数影响的严重程度差异较大。在大多数情况下，在4℃温度下获得的细菌次生代谢产物的毒性效应较弱。考虑到全球气候变暖的趋势和人为条件导致永久冻土退化，继而将微生物移至水生生物群落，有必要对水体环境中的微生物及其代谢产物的生理活性进行系统监测，预测其潜在环境影响。

关键词：低温系统；微生物区系；次生代谢产物；低温岩屑带；草履虫

1 引言

北极和北极地区的开发对研究人员提出了许多新任务，特别是在全球气候变化以及与北极和亚北极地区的矿产和自然资源开发相关的人为环境负荷增加的背景下。目前学术领域对古生态系统各要素的功能和相互作用机制研究较少。

由于破坏性低温过程的发展，多年冻土的退化导致以下后果：长期保存在多年冻土层中的微生物被带入现代水生生物群落中，这部分细菌出现在较早的地质时期，其生存环境的气候和生态环境同现代差异较大。

在过去的十多年中，大量的研究成果表明冰碛地貌的古生态系统包含了多种可能的微生物存活形式（Kudryashova et al. 2013; Gubin et al. 2003; Skladnev et al. 2016; Gilichinsky et al. 2008; Bakermans and Skidmore，2011;Melnikov et al. 2011;Pecheritsyna et al. 2007）。这类微生物在多年冻土的特殊环境条件下处于低代谢状态来保持生命活性，并形成新的生化适应机制。因此，它们可以成为具有独特生理特性的生物活性分子的来源，从而影响现代生物的生理过程（Subbotin et al. 2016; Kalenova et al. 2013, 2015; Kalyonova et al. 2015）。

永久冻土破坏过程中，如河岸沉积冻土破坏、钻井采石工业地下水抽提、多年冻土转移、采矿行业冻土挖掘等过程中，冻土里的微生物会被释放进入水生环境中，致使长期冷冻保存的低代谢状态下的微生物在现代水生生态系统中积极扩散，但是对古代自然生态系统的微生物及其代谢物与现代典型水生生态系统之间相互作用的研究相对较少，这些引起了人们的极大兴趣。

本文目的是研究从冻土中分离的细菌的代谢物对单细胞水生生物草履虫形态生理参数的影响。

2 实验材料与方法

我们使用了从俄罗斯亚马尔 - 涅涅茨自治区塔尔科萨列地区钻探 35 m 深的岩心中分离出来的细菌菌株（取样的岩石年龄在 2 万年至 4 万年之间）。还有是来自马蒙托瓦山（阿尔丹河左岸洪水之上的阶地）的永久冻土，采样岩石的年龄可达 300 万年，为新查拉村上游 9 km 的查拉河右岸洪泛区多年的永久冻土露头（岩石的年龄从 2 万年到 1.4 万年）。采用 16S rRNA 序列法鉴定菌株。

我们使用来自菌株的次级蛋白质代谢物进行研究。将浓度为 1×10^9 CFU/mL 的细菌培养液放置于 36℃ 和 4℃ 两种温度下恒温培养 5 天，以获取次生代谢物（Kalyonova et al. 2015）。采用液相制备色谱法测定代谢物中肽复合物，浓度为 200 μg/mL。

采用一种草履虫培养物来测定冻土细菌代谢产物的毒性效应。此种草履虫培养物已被广泛应用于水生环境中各种物质毒性效应研究中。草履虫一般在乳培养基中培养。每个变种实验中使用 5 管含有草履虫的培养基，每管培养基

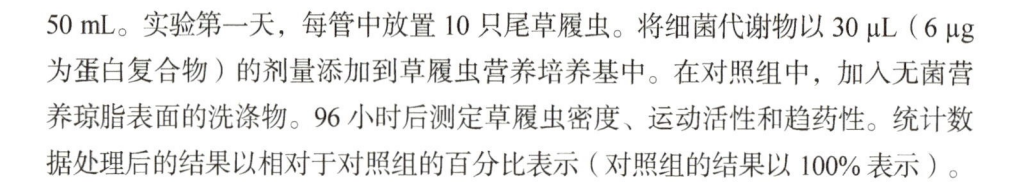

50 mL。实验第一天，每管中放置 10 只尾草履虫。将细菌代谢物以 30 μL（6 μg 为蛋白复合物）的剂量添加到草履虫营养培养基中。在对照组中，加入无菌营养琼脂表面的洗涤物。96 小时后测定草履虫密度、运动活性和趋药性。统计数据处理后的结果以相对于对照组的百分比表示（对照组的结果以 100% 表示）。

3 研究结果

可以确定的是，不同培养温度（36 ℃和 4 ℃）下细菌培养基中的细菌代谢物在相同剂量下（6 μg/mL）均具有毒性效应，且可降低本研究中草履虫的生理指标（表 1）。

相较于 4 ℃培养条件下培养基中的代谢产物，36 ℃ 培养基中的代谢产物对草履虫活性有抑制作用，即草履虫培养密度减少更为明显。蜡状芽孢杆菌 3M 菌株的代谢物对草履虫运动活性的负面影响较其他菌株更为明显。在评价趋药性时，36 ℃条件下获得的芽孢杆菌属菌株 3/12，875，1/04 的代谢物的趋药性高于 4℃条件下获得的代谢物的趋药性。然而，菌株在 36 ℃培养温度下获得的芽孢杆菌属细菌代谢物比菌株 4 ℃培养温度下获得的代谢物具有更高的毒性。

表 1　不同培养温度下草履虫接触细菌培养物时的生理参数（相对于对照组的百分比）

微生物的代谢产物	在 +36 ℃下获得的代谢产物			在 +4 ℃下获得的代谢产物		
	密度	机体活动	趋药性	密度	机体活动	趋药性
巨大芽孢杆菌 3/12	46.7	100.0	94.5	57.5	158.0	46.6
巨大芽孢杆菌 875	49.1	51.5	94.7	62.7	74.4	88.4
芽孢杆菌 9/48p	53.4	48.9	68.4	60.2	73.3	95.4
枯草芽孢杆菌 1/04	59.8	63.5	99.0	63.9	82.3	65.7
蜡状芽孢杆菌 3M	77.9	22.6	84.6	61.0	48.7	90.8
恶臭假单胞菌 3/09	66.8	64.9	96.0	65.0	67.5	98.6
不动杆菌属 3/14	56.7	100.0	83.7	55.5	95.5	71.9
不动杆菌属 4/25	61.8	88.3	136.1	48.1	56.3	70.8

续表

微生物的代谢产物	在 +36 ℃下获得的代谢产物			在 +4 ℃下获得的代谢产物		
	密度	机体活动	趋药性	密度	机体活动	趋药性
李斯特菌 4/19	57.5	76.9	67.9	65.8	64.1	104.2

在 36 ℃下不动杆菌属 4/25 菌株的代谢物对草履虫培养的毒性作用比 4 ℃下代谢物的毒性作用要小，但更刺激草履虫的趋药性。不同培养温度下获得的恶臭假单胞菌 3/09 和不动杆菌 3/14 的代谢物对本研究中各实验参数的影响不大，所以从统计学角度来说，培养温度对这两种菌株代谢产物毒性的影响并不明显（$p > 0.05$）。

与研究中其他代谢物不同，巨大芽孢杆菌 3/12 和不动杆菌 3/14 的代谢物对草履虫的运动活性没有显著抑制作用，但表现出明显的毒性，显著抑制草履虫的繁殖（$p < 0.05$）。

添加 36 ℃和 4 ℃培养条件下李斯特菌的代谢产物后，草履虫培养密度与对照组相比有显著下降（$p < 0.05$）。实验第 3 天，在 36 ℃下得到的滤液的作用下，培养体草履虫密度和趋药性下降（$p < 0.05$）。在 4 ℃下得到的滤液作用下，培养体密度下降不明显（$p < 0.05$），但在对照水平上趋药性较高（$p > 0.05$）。

添加细菌代谢物后，草履虫趋药性指数有所降低，这可能是因为在大部分实验中，各类毒物的含量较高，培养基已习惯这类毒物的存在。值得注意的是，在对 36 ℃下获得的代谢物研究中，趋药性指标较高。

4　结论和建议

研究结果表明，尾草履虫培养基中分离的细菌代谢物可能对真核单细胞水生生物的生理参数产生负面影响。不同温度下获得的细菌代谢物对草履虫生理参数的影响程度不同。细菌的代谢物在 4 ℃下获得时，在大多数情况下毒性作用不那么明显。

考虑到气候和人为条件的变化导致多年冻土的退化和随后残留的微生物进入水生生物群落的现象存在，有必要对水生环境进行系统监测，以确定微生物及其代谢产物的生物活性。这些研究将有可能预测现代水生生物群落中残余微生物繁殖的影响，并评估对这些生物群落生物成分的潜在影响。

致谢：该工作依托于国家项目——2017 年 12 月 8 日第 2 号议定书（优先 IX.133 计划 IX.133.1 项目：IX.133.1.4 在年平均气温不断升高的条件下，陆地和喀拉海沿海地区的低温生物过程）。

参考文献

Bakermans C, Skidmore ML（2011）Microbial metabolism in ice and brine at 5°C. Microbiology 13（8）:2269–2278.

Gilichinsky DA, Vishnivetskaya TA, Petrova MA et al（2008）Bacteria in permafrost. In: Margesin R et al（eds）Psychrophiles: from biodiversity to biotechnology. Springer, Berlin, Rosa, pp 83–102.

Gubin SV, Maksimovich SV, Davydov SP, Gilichinsky DA, Shatilovich AV, Spirina EV, Yashina SG（2003）About the possibility of the participation of Late Pleistocene biota in the formation of the biodiversity of the modern cryolithozone. J General Biol 64（2）:160–165.

Kalenova LF, Subbotin AM, Bazhin AS（2013）The influence of permafrost bacteria of different geological age on the immune system. Bull New Med Technol（Electron J）1:2–105.

Kalenova LF, Novikova MA, Subbotin AM（2015）Effects of permafrost microorganisms on skin wound reparation. Bull Exp Biol Med 158（4）:478–482.

Kalyonova LF, Novikova MA, Subbotin AM, Bazhin AS（2015）Effects of temperature on biological activity of permafrost microorganisms. Bull Exp Biol Med 158（6）:772–775.

Kudryashova EB, Chernousova EY, Suzina NE, Ariskina EV, Gilichinsky DA（2013）Microbial diversity of samples of Late Pleistocene permafrost of the Siberia. Microbiology 82（3）:351–361.

Melnikov VP, Rogov VV, Kurchatova AN et al（2011）Distribution of microorganisms in frozensoils. Earth's Cryosphere 15（4）:86–90.

Pecheritsyna SA, Scherbakova VA, Kholodov AL（2007）Microbiological analysis of cryopegs of the Varandey peninsula on the coast of the Barents Sea. Microbiology 76(5):694–701.

Skladnev DA, Mulyukin AL, Filippova SN et al（2016）Modeling of the process of microbial cell spread and phage particles from the melting sites of the permafrost layers. Microbiology 580–587.

Subbotin AM, Narushko MV, Bome NA et al（2016）The influence of permafrost microorganisms on the morphophysiological indicators of spring wheat. Vavilovsky J Genet Breed 20（5）:666–672.

菲律宾打拉省灌溉水源的理化和微生物水质指标调查

埃德玛·N. 弗兰克拉（Edmar N. Franquera），希利托·A. 贝尔特兰（Cielito A. Beltran），Ma. 亚松森·G. 贝尔特兰（Ma. Asuncion G. Beltran），露丝·泰莎·B. 弗兰克拉（Ruth Thesa B. Franquera）

摘要：灌溉作物的灌溉用水主要来源于河流。通常，这些可以用来灌溉各种作物的水源很容易受到污染。本研究的目的是确定打拉省不同灌溉源的理化和微生物水质指标，并将其与菲律宾环境与自然资源部2016年第08号行政令系列中现有的水质准则进行比较。对采集的不同河流地表水样品进行实验室分析，结果表明，雨季总可溶性固形物值高于旱季。贝尼河干湿季节化学需氧量均较高。根据实验室分析结果，所有主要河流的铅含量均低于0.05 mg/L，汞含量低于0.000 2 mg/L。在干燥和潮湿的季节，在打拉河中发现了最高的溶解氧含量。与国家标准相比，打拉主要河流的溶解氧含量超过了2~6 mg/L的水体分级最低标准。在旱季，康塞普西翁河的溶解氧含量最低（5.0 mg/L）；在雨季，里欧奇科河的溶解氧含量最低（4.8 mg/L）。不同河流的总溶解固形物在枯水期为300~560 mg/L，而在丰水期为169~540 mg/L。打拉地区不同河流的硝酸盐浓度均在菲律宾环境与自然资源局国家标准规定的范围内。在打拉的不同河流中采集的样品中也观察到较高的大肠杆菌和粪便大肠菌群指数。

关键词：水质；河流；灌溉；打拉省

1 引言

水是生命之源，地球上所有的生物都需要淡水。在大多数国家，农业是淡水的主要使用者。当今世界最大的淡水消耗者是农业，平均消耗全球70%的淡水。① 然而，由于水污染，淡水供应已经在减少。农业被认为是水污染的受害者，但它也导致和加剧水污染，因为过度施用化肥、过度使用农药和其他污染物会造成水源营养过剩。在全球范围内，农业也被认为是导致地表包括地下水资源退化的主要原因，包括由于侵蚀、过度农业污染淡水（如大型家禽和养猪场产生的废水）、化学径流和其他各种人类活动及不当的农业管理而导致的地下水资源退化。其中，猪的排泄物是粪便污染的一个重要来源，由于潟湖溢流污染了地下水和地表水，导致水污染。因此，通过测试系统或技术（例如潜在的水生植物）以净化废水很重要，这样才能解决问题。

在菲律宾，农业废水是水污染的主要来源之一，占37%。② 此外，只有10%的废水得到处理，而58%的地下水受到污染。水质标准评分不理想的地区包括菲律宾首都地区、南他加禄地区、吕宋岛中部（第三大区）和中米沙鄢。因此，有必要进行废水处理。吕宋岛中部的农业用地面积为 653 607 km²，其中农业 BOD 产生量为 9.1%，工业 BOD 产生量为 9.0%，生活 BOD 产生量为 9.1%，这些都是导致水质恶化和污染的原因。③

一般而言，清洁淡水的供应已成为制约人类活动扩展的主要因素，不仅在菲律宾，甚至在全球范围内，我们的农业用地的规模或能力也无法满足人口的巨大增长。菲律宾每年估计有 220 万 t 有机水污染，每年因水污染造成的经济损失估计为 670 亿菲律宾比索，约等于 13 亿美元。④ 因此，本研究旨在量化菲律宾打拉省不同河水的理化和微生物水质指标。

2　实验方法

2.1　收集打拉省现有灌溉水源的数据

作者收集了有关灌溉系统类型和灌溉水来源的现有数据。这是与国家灌溉管理局合作完成的，并将收集到的水质与环境数据和自然资源部的现有标准进行了比较。

---

① www.fao.org. Last accessed 30 Nov 2017.
② www.greenpeace.org. Last accessed 30 Nov 2017.
③ www.wipo.int/wipo_ip_mnl_15_t4. Last accessed 27 Nov 2017.
④ www.wepa-db.net.philippines.overview. Last accessed 30 Nov 2017.

2.2 水样采集

根据国家灌溉管理局和环境与自然资源部的数据，在打拉省的 7 条主要河流中采集典型水样，采集时间为上午 9 点到下午 4 点。根据科学技术部的建议，在每个采样点共收集了 6L 水样。水样采集是在 2018 年水稻种植的旱季和雨季开始时进行的。

2.3 水质分析

对采集的水样进行理化和微生物水质（总悬浮物、化学需氧量、大肠杆菌、铅和汞含量）分析。用水样分析的标准方法对这些参数进行了分析。使用便携式仪器分析溶解氧（便携式氧气计）、pH（HMpH-200）、总可溶性固形物含量和电导率（HMCOM-100）等参数。硝酸盐定量使用 Horiba 便携式硝酸盐测定仪。

2.4 数据分析

对收集的水样的实验室结果进行分析，并与自然资源部（DENR）2016 年第 08 号行政令颁布的《2016 年水质指南》和《2016 年一般污水标准》进行了比较。

3 结果与讨论

见表 1。

3.1 总可溶性固形物（TSS）和化学需氧量（COD）

表 2 给出了打拉省主要不同河流总可溶性固形物和化学需氧量的数据。结果表明，不同的河水总可溶性固形物和化学需氧量不同。与旱季相比，多数河流雨季 TSS 较高。在化学需氧量方面，贝尼河和康塞普西翁河化学需氧量雨季明显低于旱季。打拉河和康塞普西翁河雨季的 TSS 含量均为 169 mg/L，远超水质标准中 25 至 110 mg/L 的范围。贝尼河干湿季 COD 含量均较高，分别为 27 m/L 和 22 mg/L。贝尼河的 COD 实验室检测结果也与 Fernandez 和 David（2008）[1]的研究结果一致，表明贝尼河的 COD 含量较高。采样区 COD 含量越高，水体污染程度越高。区域内不同行业的废水排放，如猪场废水排放，可能导致水样的 COD 含量较高，这可能导致采样区域内的水质恶化（Al-Badaii et al. 2013）。

---

[1] www.bgr.bund.de.Veranstaltungen. Last accessed 15 Dec 2017.

表1 水质量方针（环境与自然资源部2016年第08号行政令）

参数	水体质量								
	AA	A	B	C	D	SA	SB	SC	SD
溶解氧（mg/L）	5	5	5	5	2	6	6	5	2
粪大肠菌群（MPN/100 mL）	<1.1	<1.1	100	200	400	<1.1	100	200	400
硝酸盐（mg/L）	7	7	7	7	15	10	10	10	15
pH	6.5~8.5	6.5~8.5	6.5~8.5	6.5~9.0	6.5~9.0	7.0~8.5	7.0~8.5	6.5~8.5	6.5~9.0
总可溶性固形物	25	50	65	80	110	25	50	80	110
铅（mg/L）	0.01	0.01	0.01	0.05	0.1	0.01	0.01	0.05	0.01
汞（mg/L）	0.001	0.001	0.001	0.002	0.004	0.001	0.001	0.002	0.004

表2 菲律宾打拉省2018年雨旱季不同主要河流的总可溶性固形物和化学需氧量数据

河流名称	总可溶性固形物（mg/L）		化学需氧量（mg/L）	
	旱季	雨季	旱季	雨季
贝尼河	32	40	27	22
打拉河	40	169	10	14
班班河	58	32	11	15
康塞普西翁河	52	169	21	19
拉帕兹河	223	91	11	28
里欧奇科河	103	66	10	<10
卡米林河	17	45	6.9	<10

3.2 重金属（铅和汞）

打拉省主要不同河流的重金属（铅和汞）含量见表3。根据实验室分析结果，所有主要河流的铅含量均低于0.05 mg/L，汞含量均低于0.000 2 mg/L。

与水质标准相比，各主要河流的铅、汞含量均低于标准。这意味着这些河流没有受到重金属污染。这可能是由于不同河流所在的地区内没有采矿场址。重金属被认为是有毒和危险的。作为作物灌溉水来源的河流中存在高浓度的重金属可能导致作物产量下降，这些重金属可能会在植物中生物积累，并影响到食用这些植物的人类。如果用重金属污染的水灌溉作物，土壤也会受到污染（Verma and Dwivedi，2013）。

表3　菲律宾打拉省2018年雨旱季各主要河流的重金属含量

河流名称	铅（mg/L） 旱季	铅（mg/L） 雨季	汞（mg/L） 旱季	汞（mg/L） 雨季
贝尼河	<0.05	<0.05	<0.000 2	<0.000 2
打拉河	<0.05	<0.05	<0.000 2	<0.000 2
班班河	<0.05	<0.05	<0.000 2	<0.000 2
康塞普西翁河	<0.05	<0.05	<0.000 2	<0.000 2
拉帕兹河	<0.05	<0.05	<0.000 2	<0.000 2
里欧奇科河	<0.05	<0.05	<0.000 2	<0.000 2
卡米林河	<0.05	<0.05	<0.000 2	<0.000 2

3.3　溶解氧（DO）和pH

表4给出了菲律宾打拉省的主要不同河流的溶解氧和pH数据。结果表明，打拉河在旱季和雨季溶解氧含量最高，分别为16.0 mg/L和14.8 mg/L。其中，旱季里康塞普西翁河的溶解氧含量最低（5.0 mg/L），雨季里里欧奇科河的溶解氧含量最低（4.8 mg/L）。打拉河的溶解氧浓度远远高于菲律宾国标中2~6 mg/L的水体分级最低标准。从街道、草坪和农场流出的肥料和粪便也会造成水体低溶解氧。[①] 由于肥料的过度使用和粪便物质的存在，藻类大量生长并导致氧气的使用速度加快，从而溶解氧含量降低。当溶解氧含量下降到5.0 mg/L以下时，会给许多水生生物造成压力。然而，从结果来看，除了里欧奇科河溶解氧含量在雨季为4.8 mg/L外，其他河流的溶解氧含量都超过或等于5.0 mg/L。[②] 在pH方面，打拉省主要河流的pH在最低和最高标准之间，符

---

① http://www.ririvers.org/wsp/CLASS_3/DissolvedOxygen.htm. Last accessed 30 Nov 2017.
② http://www.mymobilebay.com/stationdata/whatisDO.htm. Last accessed 30 Nov 2017.

合环境与自然资源部的标准。雨季 pH 为 6.78～8.29，旱季 pH 为 7.0～8.1。

表 4　菲律宾打拉省 2018 年旱雨两季不同主要河流的溶解氧和 pH

河流名称	溶解氧（mg/L） 旱季	溶解氧（mg/L） 雨季	pH 旱季	pH 雨季
贝尼河	5.3	5.4	8.0	8.26
打拉河	16.0	14.8	8.1	8.29
班班河	9.2	6.0	8.0	7.96
康塞普西翁河	5.0	5.0	7.0	6.78
拉帕兹河	8.0	5.0	7.2	7.98
里欧奇科河	7.9	4.8	7.3	7.96
卡米林河	15.0	14.0	8.0	8.26

3.4　总溶解固体和电导率

不同河流的总溶解固体在枯水期为 300～560 mg/L，而在丰水期为 169～540 mg/L。总溶解固体浓度过高或过低可能会限制水生生物生长，并可能导致许多水生生物死亡，水体透明度降低[1]，导致光合作用的减少和水温的升高，旱季电导率为 389～423 μS/m，雨季电导率为 280~420 μS/m（表 5）。

3.5　硝酸盐

打拉省不同河流的硝酸盐含量均在表 6 所示范围内。在旱季，不同主要河流的硝酸盐含量范围为 10~14 mg/L。雨季为 17~59 mg/L，以贝尼河为最高。该地区水体营养浓度较高可能是由于养猪场潟湖的废水，从该地区附近的农场排放而来。低于 5 mg/L 的氮含量对于氮敏感作物影响不大，但可能会刺激溪流、湖泊、运河和排水沟中的藻类等水生植物滋长（表 6）。[2]

---

[1] http://www.ei.lehigh.edu/envirosci/watershed/wq/wqbackground/tdsbg.html. Last accessed 15 Dec 2017.
[2] http://www.fao.org/docrep/003/T0234E/T0234E06.htm. Last accessed 15 Dec 2017.

表5　菲律宾打拉省2018年旱雨两季各主要河流的总溶解固体和电导率

河流名称	总溶解固体（mg/L）		电导率（μS/m）	
	旱季	雨季	旱季	雨季
贝尼河	323	218	400	323
打拉河	308	169	420	416
班班河	300	254	418	375
康塞普西翁河	560	540	423	420
拉帕兹河	300	220	400	291
里欧奇科河	305	250	412	281
卡米林河	320	200	389	280

表6　菲律宾打拉省2018年旱雨两季各主要河流的硝酸盐含量

河流名称	硝酸盐（mg/L）	
	旱季	雨季
贝尼河	14	59
打拉河	10	48
班班河	10	17
康塞普西翁河	10	48
拉帕兹河	14	38
里欧奇科河	10	45
卡米林河	10	38

3.6　粪大肠菌群和大肠杆菌

就粪大肠菌群和大肠杆菌等微生物参数而言，打拉省的不同河水中该监测指标均高于标准，特别是在贝尼河中为11 000 MPN/100 mL，而在康塞普西翁河中则超过了国家安全水标准（粪便大肠菌群计数为140 000）。贝尼河和康塞普西翁河中的大肠杆菌浓度也很高，均为1 700 MPN/100 mL。上述河流中大肠杆菌群超标可能主要归因于附近地区废水的排放。较高浓度的粪大肠菌群和大肠杆菌可能会降低两条河流水质，从而也降低游憩价值（表7）。[①]

表7 菲律宾Tarlac省2018年干湿两季不同主要河流的粪大肠菌群和大肠杆菌浓度

河流名称	粪大肠菌群（MPN/100 mL）	大肠杆菌（MPN/100 mL）
	干季	湿季
贝尼河	11 000	1 700
打拉河	390	21
班班河	270	17
康塞普西翁河	140 000	1 700
拉帕兹河	2 600	170
里欧奇科河	2 800	330
卡米林河	330	<1.8

4 结论和建议

从打拉省主要河流收集的水样分析结果显示，不同河流中灌溉水水质的物理化学生物参数有着较大差异。根据结果，不同的河流水质基本符合菲律宾环境和自然资源部制定的国家标准。

致谢：作者在此感谢农业部地区总部办公室（DA-RFO3）为这项研究提供资金，同时也对打拉省农业大学的管理层表示诚挚的谢意。

参考文献

Al-Badaii F, Shuhaimi-Othman M, Gasim MB（2013）Water quality assessment of the Semenyih River, Selangor, Malaysia. J Chem Article ID 871056, 10 p. https://doi.org/10.1155/2013/871056.

Fernandez XD, David ME（2008）Water quality assessment of the benig river: implication to environmental management accessed through https://www.bgr.bund.de/EN/Themen/Wasser/Veranstaltungen/symp_sanitat-gwprotect/poster_fernandez_pdf.pdf? blob=publicationFile& v=2

[①] https://pubs.usgs.gov/wri/wri004139/pdf/wrir00-4139.pdf. Last accessed 15 Dec 2017.

December 2017.

Verma R, Dwivedi P（2013） Heavy metal water pollution—a case study. Recent Res Sci Technol 5（5）:98–99. ISSN: 2076–5061. Available Online http://recent-science.com.

UV-LED 灭活水中大肠杆菌的效能研究

Zhilin Ran, Zhe Wang, Meng Yao, Shaofeng Li

摘要：本文研究了 UV-LED 对水中大肠杆菌的灭活作用。检查了浊度、HA（腐植酸）和无机阳离子对此过程的影响，并对 UV-LED 灭活大肠杆菌的机理进行了初步分析。我们的结果表明，在 24.48 mJ/cm² 的紫外线辐射剂量下，浊度和 HA 对灭活大肠杆菌没有显著影响。Cu^{2+} 促进了 UV-LED 协同臭氧灭活大肠杆菌，而 Ca^{2+} 抑制了这一过程。Zn^{2+}、Cl^-、CO_3^{2-} 和 SO_4^{2-} 对 UV-LED 灭活大肠杆菌无明显影响。系统中释放的核酸表明，UV-LED 主要通过破坏大肠杆菌 DNA 达到杀菌效果。

关键词：UV-LED；大肠杆菌；影响因素；失活

1 引言

水是生命之源，它是人类赖以生存和发展所不可或缺的资源之一。人类可以直接使用的淡水仅占全球水资源的 0.25%（Ke，2003）。人口、工业和农业的迅速增长导致全球淡水使用量加速增长，淡水资源供应短缺日益成为世界关注的问题（Hao, 2000）。同时，饮用水水质、污水处理和循环水的标准也越来越严格（Liu, 2004）。目前使用的水消毒方法包括氯化物、臭氧消毒和重金属离子消毒。然而，就安全性和成本而言，这些消毒方法或多或少有各自的问题。UV-LED 是一种具有杀菌特性的新型 UV 光源。它不需要其他化学试剂，不会产生消毒副产品，并且对环境友好且节能。因此，UV-LED 在水处理领域具有广阔的应用前景。（Taniyasu et al. 2006；Wurtele et al. 2011；Vilhunen et al. 2009; Mori et al. 2007; Oguma et al. 2013）

在这项研究中，我们使用定制的 UV-LED 反应器检查了 UV-LED 对水中大肠杆菌的灭活作用，评估了浊度、腐植酸（HA）浓度以及阴离子和阳离子水平对该灭活过程的影响，并初步阐明了失活的机制。我们发现，在 24.48 mJ/cm^2 的 UV 辐射剂量下，浊度和 HA 对大肠杆菌的灭活没有显著影响。Cu^{2+} 促进了 UV-LED 灭活大肠杆菌的过程，而 Ca^{2+} 抑制了这一过程。Zn^{2+}、Cl$^-$、CO$_3^{2-}$ 和 SO$_4^{2-}$ 对 UV-LED 灭活大肠杆菌没有显著影响。系统中释放的核酸表明，UV-LED 主要通过破坏大肠杆菌核酸达到杀菌效果。我们的研究对于寻求高效、环保和低风险的消毒技术具有重要的价值和意义，并为 UV-LED 消毒的快速发展提供了见解。

2 实验材料与方法

2.1 实验仪器与方法

实验设备（图 1）由放置在石英管内的两个 UVC-LED 阵列组成。每个阵列由 40 个 UVC-LED 珠子组成，这些珠子均匀地安装（相距 7 mm）在电路板上。峰值发射波长为 275 nm，每个 UVC-LED 阵列均在 40 mA 恒定正向电流、6.9 V 正向电压和 2.8 mW 输出功率下工作。反应器的内腔容积为 500 mL，内管的外部覆盖有铝箔，以防止受到其他光源的干扰。反应器的外腔连接到恒定的低温恒温器，以确保整个反应器系统保持在恒定温度下。为进行消毒实验，将细菌悬浮液添加到内腔中，并使用浸没的 UVC-LED 进行辐照。在 UVC-LED 辐照期间，还对细菌悬液充气搅动，以确保系统的每个部分所受的 UV 辐照强度一致。接通电源后，将细菌悬液用 UVC-LED 照射 10 min。辐照 0.5、1、2、3、4、5 和 10 min 后收集样品，并计算水样品中的大肠杆菌数量。

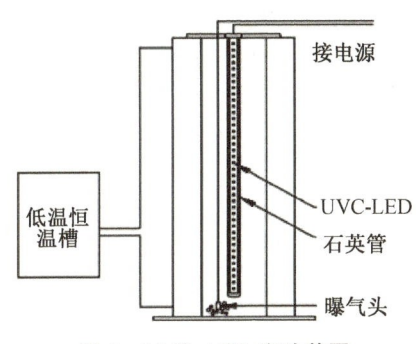

图 1 UVC–LED 实验装置

2.2 实验材料

将大肠杆菌 ATCC8099 作为本研究中的实验菌株。其他材料有：酵母提取物粉末，胰蛋白胨，氯化钠，细菌琼脂粉，浓盐酸，氢氧化钠，高岭石，腐植酸，磷酸二氢钠，无水乙醇，磷酸氢二钠和去离子水，0.1 mol/L 硫代硫酸钠标准溶液，25% 戊二醛，无水氯化钙，无水碳酸钠，乙酸异戊酯，硫酸钠。

2.3 分析方法

2.3.1 大肠杆菌灭活的评估

通过对数失活值评估 UV-LED 对大肠杆菌的杀菌作用。对数失活值的公式如下：

$$对数失活值 = -\log(N/N_0) \tag{1}$$

其中：N 是用 UV-LED 照射的水样品中的大肠杆菌菌落数（CFU/L；通过平板计数法确定）。N_0 是原始细菌悬液中的大肠杆菌菌落数（CFU/L；通过平板计数法确定）。

平板计数法：将 100 μL 细菌悬浮液与 900 μL 4% 无菌盐水混合，然后连续稀释 10 倍。将高压灭菌的 LB 琼脂（未固化）倒入无菌培养皿中并冷却。将每种细菌悬浮液（100 μL）的稀释液用三角涂布棒铺展在琼脂上，并将板倒置并在 37 ℃下孵育。孵育 24 小时后，计数菌落数（选择菌落数 30~300 CFU 的平板）。所有步骤均在无菌条件下进行，每个稀释液一式三份铺板（Liu et al. 2017）。为了减少实验误差，每个实验重复 3 次，并计算平均值和标准偏差。

2.3.2 体系中的核酸监测

尽管系统中的核酸浓度不能准确反映大肠杆菌中的核酸水平，但它可以反映从大肠杆菌中释放的核酸量。核酸主链主要由嘌呤和嘧啶组成。这些核碱基包含共轭双键，这些共轭双键在 260 nm 处具有最大吸光度，这使 260 nm 处的光密度（OD）与核酸浓度呈正相关（Zhang et al. 2011）。使用 Nanodrop 2000 测定系统中 260 nm 处溶液的光密度变化。

3 实验结果与讨论

3.1 浊度对 UV-LED 灭活大肠杆菌的影响

本节研究了在 (25 ± 0.1) ℃和 pH 7 ± 0.1 下水体浊度对大肠杆菌灭活的影

响。通过添加高岭石来制备具有不同浊度的细菌悬浮液（图2）。前人研究表明浊度对传统的紫外线消毒有很大的影响，因为水中的颗粒可以散射紫外线能量，并降低紫外线对微生物的辐射。因此，随着浊度的增加，传统的紫外线法的消毒效果会降低。我们的结果表明，浊度对 UV-LED 灭活大肠杆菌没有显著影响。在辐照5分钟后，浊度分别为 1、5、10、20、30 和 60NTU 的细菌悬浮液，大肠杆菌的对数失活值仍保持较高（4.35、4.34、4.47、4.63、4.71 和 4.75）。

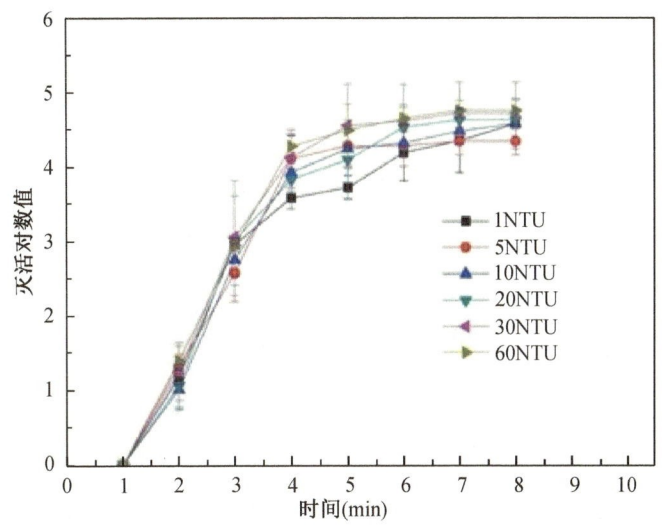

图2　浊度对 UV-LED 灭活大肠杆菌的影响

与传统的紫外线汞灯相比，UV-LED 消毒不受浊度的影响，这可能归因于 UV-LED 的发光原理，UV-LED 主要通过发光二极管发出紫外线，其中能量高度集中在狭窄的 275 nm 波段，很接近杀菌所需的波长。相反，传统的汞灯涉及全光谱辐射，而具有杀菌作用的波段仅占总能量的一部分。UVC-LED 发出的紫外线波长在 275 nm 附近高度集中，能量更高。因此，当辐照强度为 0.102 mW/cm^2 时，高浊度（60 NTU）对 UVC-LED 发出的高度集中的能量没有影响。此特征提高了 UV-LED 在水处理中的应用范围和价值。

3.2　腐植酸（HA）对大肠杆菌灭活率的影响

腐植酸是一种广泛存在于自然界中的有机高分子。它主要是由微生物对动植物遗骸的分解转化以及一系列化学反应而产生的。水中有机物的含量会影响消毒效果。在这里，我们选择 HA 作为水中的一种代表性有机酸，并研究不同浓度的 HA 在（25±0.1）℃、pH 7±0.1 和 1NTU 条件下对大肠杆菌灭活率的影响（图3）。

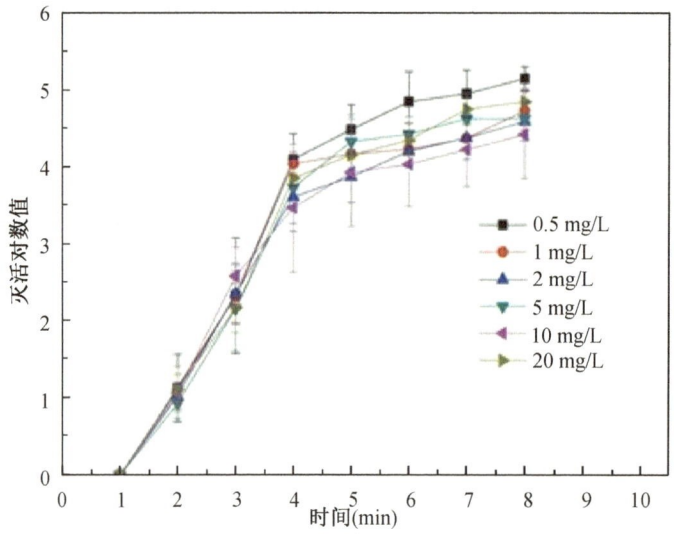

图3　腐植酸（HA）对大肠杆菌灭活率的影响

当HA浓度为0.5 mg/L时，大肠杆菌灭活率最高（以对数表示）。此外，随着HA浓度的增加（1、2、5、10和20 mg/L），大肠杆菌灭活率变化不显著。辐照0~2 min内大肠杆菌失活率最高。在HA浓度为0.5、1、2、5、10和20 mg/L，辐照2 min时，大肠杆菌的灭活对数值分别为4.1、4.04、3.61、3.73、3.47和3.86。在HA浓度为0.5、1、2、5、10和20 mg/L，辐照5 min时，大肠杆菌的灭活对数值分别为4.96、4.38、4.38、4.63、4.23和4.76。因此，当水中HA浓度为0.5 mg/L时，UV-LED消毒效果最佳。

3.3　常见无机阳离子对大肠杆菌灭活率的影响

Zn^{2+}、Ca^{2+}和Cu^{2+}是天然水源中常见的无机阳离子。我们研究了这三种阳离子（0.5 mg/L）对大肠杆菌灭活率的影响（图4）。

如图4所示，当Cu^{2+}存在时，大肠杆菌的灭活对数值最高（5.09）；当Ca^{2+}存在时最低（4.67）；当Zn^{2+}存在时大肠杆菌灭活率几乎不受影响，辐照10 min后，大肠杆菌灭活率几乎没有增加。综上所述，Cu^{2+}（0.5 mg/L）对UV-LED灭活有促进作用，Ca^{2+}（0.5 mg/L）对灭活有抑制作用，Zn^{2+}（0.5 mg/L）对灭活无影响。

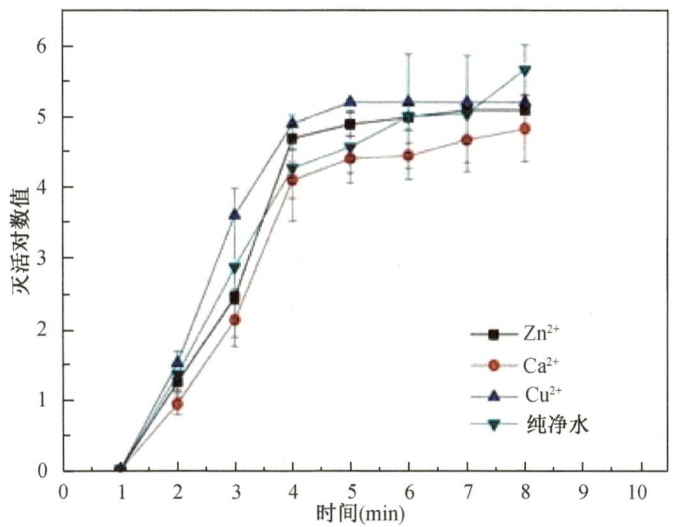

图 4 常见无机阳离子对大肠杆菌灭活率的影响

3.4 常见无机阴离子对大肠杆菌灭活率的影响

Cl^-、CO_3^{2-} 和 SO_4^{2-} 是在自然水源中常见的无机阴离子。我们检查了这三种阴离子（50 mg/L）在（25±0.1）℃，pH 7±0.1 和 1 NTU 条件下对 UV-LED 灭活大肠杆菌的影响（图 5）。在辐照 10 min，纯净水存在的情况下，Cl^-、CO_3^{2-}、SO_4^{2-}、纯净水实验组中大肠杆菌灭活的对数值分别为 5.43、5.48、5.03 和 5.67。总之，Cl^-、CO_3^{2-} 和 SO_4^{2-}（浓度 50 mg/L）对 UV-LED 灭活大肠杆菌没有显著影响。

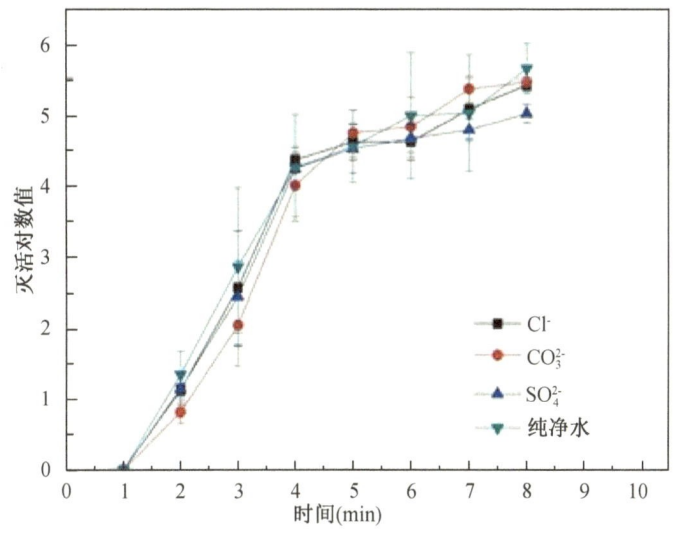

图 5 常见无机阴离子对大肠杆菌灭活率的影响

3.5 检测溶液中核酸的释放

核酸双链主要由嘌呤和嘧啶组成。这些碱基对的共轭双键在 260 nm 处具有最大吸光度。我们使用 Nanodrop 2000 测量了在 260 nm 处溶液的吸光度变化。用 UVC-LED（275 nm）在（25±0.1）℃，pH 7±0.1 和 1 NTU 条件下照射大肠杆菌悬浮液 10 min，并在不同的时间点收集 1 mL 样品。离心样品，并在 260 nm 处测量上清液的吸光度（图 6）。

吸光度（260 nm）的变化可以间接反映从大肠杆菌中释放的核酸浓度。如图 6 所示，UVC-LED 辐照 0.5 min 后，水样 $OD_{260\ nm}$ 从 0.012 5 增加到 0.015 2，辐照 0.5~3 min 后，$OD_{260\ nm}$ 从 0.015 2 逐渐增加到 0.016 5。但是，照射 5 min 的水样其 $OD_{260\ nm}$ 迅速降至 0.010 1。这表明 UVC-LED 辐照对大肠杆菌的细胞壁和细胞膜造成了一定的损害，从而导致细胞膜通透性变化，核酸释放。在辐照的前 3 min 内，UVC-LED 对双链核酸的损伤导致核苷酸暴露，因此 $OD_{260\ nm}$ 略有增加。随着紫外线辐照时间的延长，相邻的嘧啶类化合物交联成嘧啶二聚体并引起核酸损伤，从而导致遗传序列完全改变。随着嘧啶二聚体数目的增加，溶液的 $OD_{260\ nm}$ 减小。这是紫外线对微生物造成损害的主要形式。

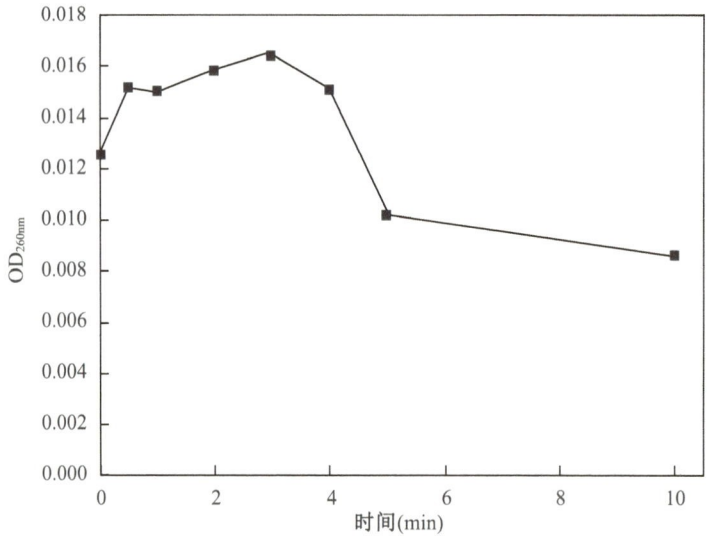

图 6　UVC–LED 下 260 nm 处溶液吸光度的变化

4 结论

在这项研究中，我们研究了 UVC-LED 对水中大肠杆菌的灭活作用，以及浊度、腐植酸和常见离子对大肠杆菌灭活率的影响，并探究了核酸向溶液中释放的过程。我们得出的结论如下。

在辐照强度为 0.102 mW/cm^2 和 pH 7 条件下采用 UVC-LED 消毒，浊度和腐植酸浓度对大肠杆菌灭活率的影响较小。

在 UVC-LED 照射 0~5 min 后，在 Cu^{2+} 存在的情况下，大肠杆菌灭活率增加，在 Ca^{2+} 存在下大肠杆菌的灭活被抑制，而在 Zn^{2+}、Cl$^-$、CO$_3^{2-}$ 和 SO$_4^{2-}$ 存在下灭活不受影响。

UVC-LED 辐照后不久会对大肠杆菌的细胞壁和细胞膜造成一定的损害，从而导致细胞膜通透性的变化和核酸的释放。

致谢：本研究由深圳市科技计划项目（JCYJ20160226092135176），深圳信息技术研究院项目（PT201703）和广东省创新强技工程（2017GKTSCX065）共同资助。

参考文献

Hao Y（2000）World water symposium was held in The Hague, The Netherlands. World Agriculture 255（7）:48（in Chinese）.

Ke S（2003）World water resources. Global Technol Econ Outlook 213（9）:60（in Chinese）.

Liu W（2004）Forecast on advanced water disinfection. Water Wastewater Eng 30(1):2–5(in Chinese）.

Liu Y, Jing E, Hu X et al（2017）Comparison of enzyme substrate method and plate counting method for determination of total number of colonies in water. China Water Wastewater 33（2）:111–114（in Chinese）.

Mori M, Hamamoto A, Takahashi A et al（2007）Development of a new water sterilization device with a 365 nm UV-LED. Med Biol Eng Comput 45（12）:1237–1241.

Oguma K, Kita R, Sakai H et al（2013）Application of UV light emitting diodes to batch and flow-through water disinfection systems. Desalination 328:24–30.

Taniyasu Y, Kasu M, Makimoto T（2006）Aluminum nitride deep-ultraviolet light-emitting diodes. NTT Technol Rev 4（12）:54–58.

Vilhunen S, Sarkka H, Sillanpaa M（2009）Ultraviolet light–emitting diodes in water disinfection. Environ Sci Pollut Res 16（4）:439–442.

Wurtele MA, Kolbe T, Lipsz M et al（2011）Application of GaN–based ultraviolet–C light emitting diodes–UV LEDs–for water disinfection. Water Res 45（3）:1481–1489.

Xiao L, Gao J, Wang D（2012）Comparison of several common water treatment and disinfection processes. Wastewater Eng 38:96–98（in Chinese）.

Zhang A, Wang R, Xie H et al（2011）Summarization on the methodology study of protein detection. Lett Biotechnol 22（1）:130–134（in Chinese）.

环境样品中放射性核素的活性分析

伊娃·辛戈夫斯卡（Eva Singovszka），阿德里安娜·埃斯托科娃（Adriana Estokova），玛格达莱娜·巴林托娃（Magdalena Balintova）

摘要：泥沙质量监测是环境保护策略的重中之重。主要目的是控制和最大程度减少以污染物为导向的问题的发生，并提供适当质量的水以服务于各种目的，例如饮用水、灌溉水等。本研究旨在调查与斯洛伐克东部斯莫尼克废弃硫化矿酸性矿井排水有关的沉积物中一些重金属（Fe、Mn、Al、Cu、Zn、As、Cd、Pb）的污染水平。目前对这一地区环境放射性的研究很少，因此，本文对斯莫尼克河表面沉积物及其放射学意义进行了天然放射性核素的基线研究。从5个站收集了抓斗表面沉积物样品，并通过伽马能谱仪测量了它们的放射性浓度。从放射性核素活度指数、空气中的总吸收剂量率（D）、镭当量活度（R_{aeq}）、外部危害指数（H_{ex}）、年有效剂量当量（$AEDR$）这几个指标评估来看，放射性沉积物在该浓度下没有明显的放射风险。

关键词：酸性矿山废水；重金属；天然放射性物质；放射学参数

1 引言

诸如 ^{226}Ra、^{232}Th 和 ^{40}K 之类的放射性核素由于自然存在于地壳或大气中而广泛分布于环境中。世界各地的人口平均每年的辐射剂量为2.4mSv/y，其中约80%来自天然存在的放射性核素，其余部分主要来源人工，人工来源中沉降放射性核素仅占0.4%（UNSCEAR 2000）。从放射学的角度来看，^{238}U

和 ^{232}Th 衰减系列以及 ^{40}K 放射性核素对沉积物的污染尤为严重，因为它们是对人类进行放射学评估的基础。欧盟委员会开发的电离污染物带来的环境风险评估和管理工具（ERICA）为评估和管理电离辐射带来的环境风险提供了一种综合方法（Beresford et al. 2007），可用于评估放射性核素污染对环境生态的潜在影响。

自然资源中各种放射性核素的活动浓度对公众和环境健康有着至关重要的影响。天然放射性同位素 ^{40}K、^{238}U 系列和 ^{232}Th 系列是岩石、土壤和水中 γ 辐射的主要来源。人体外部或内部可能受到这种辐射（通过吸入或摄入方式）。在过去的几十年里，人们对研究环境样本（如底泥）中的放射性越来越感兴趣（Ahmed et al. 2006）。在斯洛伐克共和国，由于硫化物的化学氧化和其他化学过程，斯莫尼克矿井溢出产生了高金属浓度和低 pH（约 3~4）的酸性矿井水。这就是地球化学监测系统开始发展的原因。在斯莫尼克废弃矿床中也监测到了重金属的最临界值（Balintova et al. 2011）。这个问题可能与沉积物的放射性危险有关。这项研究的目的是评估斯洛伐克东部斯莫尼克河底部沉积物中天然放射性核素的质量活性及其放射学意义，以提供环境风险预测。

2　实验材料与方法

沉积物样本是在 2018 年 11 月从斯莫尼克河的五个采样站（S1—S5）上采集的。采样点位于南纬 48°和东经 20°（图 1）。有两个采样点位于斯莫尼克河的上部，未被竖井的酸性矿井水污染，另外两个采样点位于竖井下方。从竖井流出的 AMD 编号为站点 3（Balintova and Petrilakova，2011）。根据采样位置，将沉积物样品标记为 S1、S2、S3、S4 和 S5。

将沉淀物样品风干并使用行星式研磨机研磨至 0.063 mm。首先，使用 X 射线荧光（XRF）方法通过化学成分对样品进行表征分析。将测得的沉积物中重金属浓度与斯洛伐克规定限值进行比较。（Act. No. 188/2003，处理后的污泥和底泥在农田中应用的法律法规）

随后比较了测得的沉积物中重金属的浓度，对粉末状样品进行了放射学检查。将样品称重并储存在马里内利容器中，直到达到放射性平衡为止。

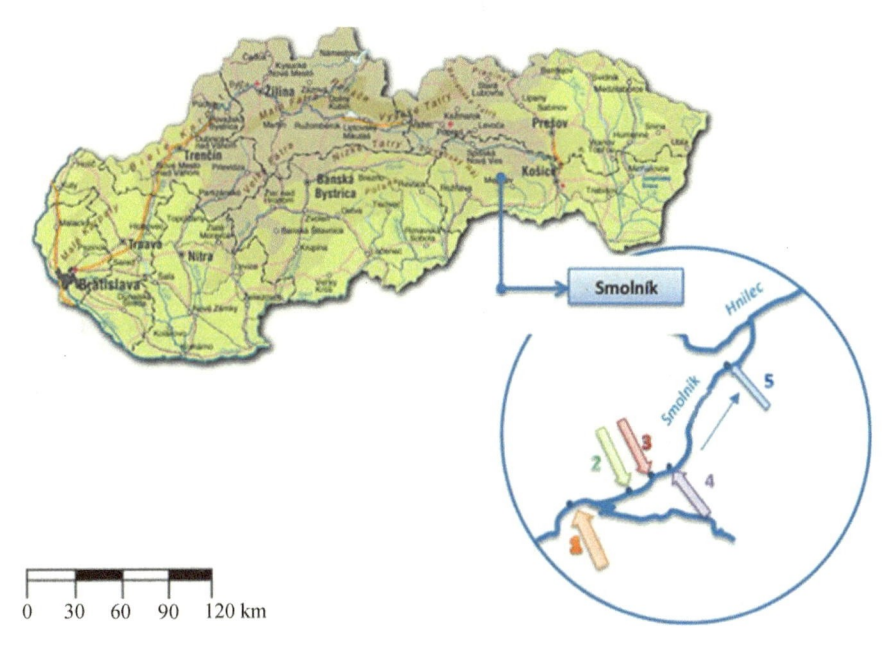

图1　斯莫尼克（Smolnik）河五个沉积物样品的位置

沉积物中放射性核素（^{226}Ra，^{232}Th 和 ^{40}K）的质量活度通过伽马射线光谱法测量。使用配备 NaI/Tl 闪烁检测探针和 MC4K 多通道分析仪的 EMS-1ASH 检测系统进行测量，该分析仪的最佳分辨率为 818 V，4.096 通道并带有 9 cm 的铅屏蔽层和 2 mm 镀锡铜内部衬里。

使用计数光谱在每千克 Bq 中确定 ^{226}Ra、^{232}Th 和 ^{40}K 的活度。^{40}K 放射性核素直接通过 1 461 keV 的伽马射线能量峰进行测量，而 ^{226}Ra 和 ^{232}Th 的活度则根据它们各自衰变产物的平均值计算。使用来自 ^{214}Pb 的 351.9 keV γ 射线测量 ^{226}Ra 的活度，使用 ^{212}Pb 的 238.6 keV γ 射线测量 ^{232}Th 的活度。所有测量样品均使用相同的计数时间——86 400 s（24 h）。

相关的潜在放射风险的表征对于保护人类、适当处理放射性污染的沉积物至关重要。其中，放射性核素活度指数、镭当量活度（Ra_{eq}）、空气中总吸收剂量率（D）、外部危害指数（H_{ex}）、年度有效剂量当量（$AEDR$）和伽马辐射水平指数（RLI）是六个用于放射评估的最常用的放射危害指数。

UNSCEAR 2000 定义了放射性核素的活度指数。材料的伽马指数推荐限值取决于剂量标准（UNSCEAR 2000）。放射性核素的活度指数 $I\gamma$ 根据以下方程式进行计算：

$$I\gamma = (A_{Ra}/300) + (A_{Th}/300) + (A_K/300) \tag{1}$$

根据 Sugandhi 等（2014）和 Botwe 等（2017）的研究，Ra_{eq} 是被研究沉积物中测得的放射性核素活度浓度的双重和，该指标可以与各自的 ^{226}Ra、^{232}Th 和 ^{40}K 活度浓度进行比较。镭当量活度用方程式（2）表示。

$$Ra_{eq} = (A_{Ra}/300) + 1.43A_{Th} + 0.077A_K (Bq/kg) \tag{2}$$

空气中的总吸收剂量率（D）表示由于在沉积物样本中的测量活动，地面以上 1 m 空气中的伽马辐射暴露率（Sugandhi et al. 2014）。总吸收剂量率用公式（3）计算。

$$D = 0.462A_{Ra} + 0.604A_{Th} + 0.0417A_K (nGy/h) \tag{3}$$

Beretka 和 Mathew（1995）定义了一个表示外部危险程度的指数 H_{ex}，该指数是从 Ra_{eq} 表达式获得的，其允许的最大值对应于 Ra_{eq} 的上限（370 Bq/kg）。对于人类健康，H_{ex} 的极限值不得超过 1.0（UNSCEAR 2000; Beretka et al. 1995）。H_{ex} 可以定义为：

$$H_{ex} = (A_{Ra}/370) + (A_{Th}/259) + (A_K/4810) \tag{4}$$

年有效剂量当量由总吸收剂量计算得出，根据公式（4）计算得出（Ravisankar et al. 2012; Kurnaz et al. 2007）：

$$AEDR = D \times 1.23 \times 10^{-3} (mSv/y) \tag{5}$$

与某些不同浓度特定放射性核素的关联可以通过伽马辐射水平指数（RLI）来估计。

伽马辐射水平指数为：

$$RLI = (A_{Ra}/150) + (A_{Th}/100) + (A_K/1500) \tag{6}$$

其中，A_{Ra} 是 ^{236}Ra 的平均活动浓度（Bq/kg），A_{Th} 是 ^{232}Th 的平均活动浓度（Bq/kg），A_K 是 ^{40}K 的平均活动浓度（Bq/kg）。

3 实验结果与讨论

3.1 化学分析

来自斯莫尼克河的沉积物样品的化学分析结果如表 1 所示。

基于斯莫尼克河沉积物重金属浓度影响的分析,并通过限值比较可以看出,沉积物中除铜、砷外,其他重金属含量风险不大。所有沉积物样本中铜含量均超标,3号站点(S3)一个样本中砷含量高达1 406 mg/kg。由于S3站点位于矿区污染水的流出处,说明酸性矿山废水中的砷含量非常高。

表1 斯莫尼克河的沉积物金属含量化学分析　　　　　单位:mg/kg

金属元素	沉积物取样 S1	S2	S3	S4	S5	极限值
Fe	29 510	27 910	302 100	85 540	64 840	—
Mn	568.5	426.4	383	558	755	—
Al	62 450	54 520	8 267	57 460	74 320	—
Cu	113.0	147.4	360	249.5	338.1	100
Zn	121.0	135.2	1.0	94.6	215.8	2 500
As	2.1	6.1	1 406	18.7	39.2	20
Cd	5.1	3.2	5.1	5.1	1.7	10
Pb	5.9	22.8	222	4.5	20.3	750

表2 样品的放射性核素自然活度和伽马指数

采样点	^{226}Ra	^{232}Th	^{40}K	$I\gamma$
	Bq/kg			
S1	11.11	76.96	1 148.75	0.80
S2	9.18	81.84	1 082.38	0.79
S3	4.30	53.97	350.39	0.40
S4	10.01	64.16	846.57	0.66
S5	7.52	69.29	946.77	0.68

3.2 放射风险评估

3.2.1 放射性核素浓度

底泥中 ^{226}Ra、^{232}Th、^{40}K 的活度浓度见表2。

放射性核素 ^{40}K 的自然活度浓度相对高于放射性核素 ^{226}Ra 和 ^{232}Th,范围为

350.39～1148.75 Bq/kg。^{226}Ra 和 ^{232}Th 的放射性范围分别为 4.30～11.11 Bq/kg 和 53.97～81.84 Bq/kg。我们研究中测得的放射性核素活度浓度与世界平均值（^{226}Ra 为 35 Bq/kg，^{232}Th 为 30 Bq/kg，^{40}K 为 400 Bq/kg）的比较表明，放射性核素 ^{232}Th 和 ^{40}K 在沉积物中的测量值超过了全球平均值（UNSCEAR 2000）。

3.2.2 放射危害评估

六项放射学危害指标的检测结果见表 3。根据公式（2）计算镭当量活度 Ra_{eq}。Ra_{eq} 的最大允许值为 370 Bq/kg（Beretka et al.1995）。从表 3 可以看出，底部沉积物的 Ra_{eq} 值范围为 106.02 至 201.98 Bq/kg，Ra_{eq} 的任何值均未超过允许值。

表 3 斯莫尼克河底部沉积物样品的放射学参数

采样点	Ra_{eq}	D	H_{ex}	AEDR	RLI
	Bq/kg	nGy/h	—	mSv/y	—
S1	201.58	99.86	0.57	0.12	1.61
S2	201.98	99.13	0.57	0.12	1.60
S3	106.02	49.31	0.29	0.06	0.80
S4	168.17	81.95	0.47	0.10	1.32
S5	172.88	85.09	0.48	0.10	1.37

总吸收剂量率的范围为 49.31～99.86 nGy/h。在本研究中，我们需要估计吸收 γ 剂量率的平均值。

年有效剂量当量范围为 0.06~0.12 mSv/y，平均值为 0.1 mSv/y。根据 UNSCEAR 1993，正常本地区天然放射性核素的平均室内年有效剂量当量为 0.46 mSv/y。5 个评价样品的计算平均值（0.1 mSv/y）均低于平均值。外部危害指数的值在 0.29 到 0.57 之间（表 3）。H_{ex} 的推荐值应小于 1。从表 3 中可以看出，H_{ex} 的值低于推荐值（<1）。评价沉积物样品的伽马辐射水平指数值在 0.80~1.61 之间。该水平指数的极限值 ≤ 1（Mahur et al. 2008）。除一个地点（S3）外，所有沉积物样本的测量值都超过推荐值。

4　结论

斯洛伐克斯莫尼克河底部沉积物中 ^{226}Ra、^{232}Th 和 ^{40}K 的放射性水平之前没有被研究过。测得的放射性核素活度浓度是计算主要放射性危害指标的基础,通过其可确定沉积物中天然放射性核素的可能风险影响。结果表明,除沉积物采样点 S1、S2、S4、S5 的伽马辐射水平指数外,所有放射危害参数值均低于 UNSCEAR 2000 报告的世界平均值。

评估环境中的放射性有助于保护人类健康和环境免受危险的电离辐射。因此,本研究中得出的放射学参数可作为进一步研究的基础。

致谢: 本研究得到了斯洛伐克科学资助机构(Grant No. 1/0648/17)的支持。

参考文献

Abdel-Razek YA, Bakhit AF, Nada AA(2008)Measurements of the natural radioactivity along wadi nugrus, Egypt. In: IX radiation physics and protection conference, Nasr city—Cairo, Egypt, pp 225–231.

Ahmed NK, Abbady A, El Arabi AM, Mitchel R(2006)Comparative study of natural radioactivity of some selected rocks from Egypt and Germany. Indian J Pure Appl Phys 44:209–215.

Balintova M, Petrilakova A(2011)Study of pH influence on selective precipitation of heavy metals from acid mine drainage. Chem Eng Trans 25:345–350. https://doi.org/10.3303/CET1125058.

Beresford N, Brown J, Copplestone D, Garnier-Laplace J, Howard B, Larsson C-M(2007)D-ERICA: an integrated approach to the assessment and management of environmental risk from ionising radiation, description of purpose, methodology and application, p 82.

Beretka J, Mathew PJ(1995)Natural radioactivity of Australian building materials, industrial wastes and byproducts. Health Phys 48:87–95.

基于多时相遥感影像的上海城市扩张分析

Yi Lin, Yuan Hu , Jie Yu

摘要：不同于传统意义上从人文或城市地理学的角度分析上海城市扩张，本研究应用遥感（RS）和地理信息系统（GIS）空间信息技术，分析了上海城市化进程中城市用地扩张的时空特征及其演变。这为进一步研究城市化进程的机理提供了理论基础。本研究对1995-2016年上海地区多时相遥感影像（Landsat系列）进行了处理和分析，构建了一个多维特征空间。然后利用支持向量机（SVM）对图像进行分类。在分类结果的基础上，采用区域连通性方法提取中心城区。通过对中心城区面积、重心、区位和空间分布的变化分析，得出了城市扩展的空间格局和趋势。最后，分析了上海城市扩张的驱动力。分析结果准确地反映了上海城市扩张的过程。

关键词：城市扩展；遥感；空间分析；驱动力

1 引言

遥感、地理信息系统等空间信息技术的发展为城市扩张研究提供了良好的技术支持。Kantakumar等人（2016）利用Landsat图像研究了印度城市的土地覆盖变化，分析了城市发展的模式和过程。詹欣等（2017）利用地理信息系统和遥感分析厦门城市扩张的时空特征、形态演变及经济发展协调措施。根据以往的研究可以看出，对城市扩张进行动态监测和驱动力分析，有利于把握城市扩张的规律。另一方面也能反映出城市现阶段的综合发展，有利于保护有限的耕地资源和生态环境，为政府提供宏观可靠的管理信息和科学决策依据。

在过去的20年里，上海已经成为中国变化巨大的城市化地区。目前对上海城市化的研究主要集中在从人文或城市地理学的角度分析上海的空间结构和功能。但对城市化进程中城市用地扩张的时空特征及其演变规律的研究甚少。本研究应用1995年至2016年的Landsat卫星图像，利用支持向量机算法（SVM）提取了中心城市边界（Huang et al. 2002）。此外，本研究还额外生成了重叠分析。本研究为进一步研究城市化进程提供了基础。

2 研究区域

本文研究区域为上海（不包括崇明岛、长兴岛和横沙岛）。其地理位置得天独厚。作为直辖市，上海抓住改革开放的历史机遇，成为首批沿海开放城市之一（上海市统计局，2016）。它是世界上人口最多、城市面积最大的城市之一。近年来，随着经济的快速发展，社会经济、人文建设等活动使其土地利用结构和产业结构发生了翻天覆地的变化。随着人地矛盾日益尖锐，如何协调突出的人地矛盾，推动上海建设良性生态环境，是一个亟待解决的问题。

3 数据来源和预处理

3.1 遥感图像分类

考虑到无云空间覆盖的适宜性、空间分辨率、光谱分辨率和季节性，研究数据由1995—2016年的Landsat4-5TM、Landsat7ETM和Landsat8OLI数据组成。大部分数据都取自6月至8月期间。由于上海2011年遥感云数据量较大，不适合分类研究，所以没有选择2011年的数据。然后对20幅遥感影像数据进行预处理。

基于遥感数据，分别计算改进的归一化水体指数（MNDWI）（Han-qiu，2005）、土壤调节指数（SAVI）（Huete，1988）和归一化建筑指数（NDBI）（Chen et al. 2006），分别代表遥感影像中的水体、植被和建筑用地，构建了包含SWIR、NIR、RED、NDBI、MNDWI和SAVI的六维特征空间。然后利用支持向量机算法（SVM）将图像分为4类：水体、建成区、植被和农田。对分类准确率进行评价，所有分类图像的准确率均大于90%，Kappa系数（Thompson et al. 1988）均大于0.85，如图1所示，满足了展开分析的要求。将分类后的遥感图像作为后续实验中边界提取的基础数据。

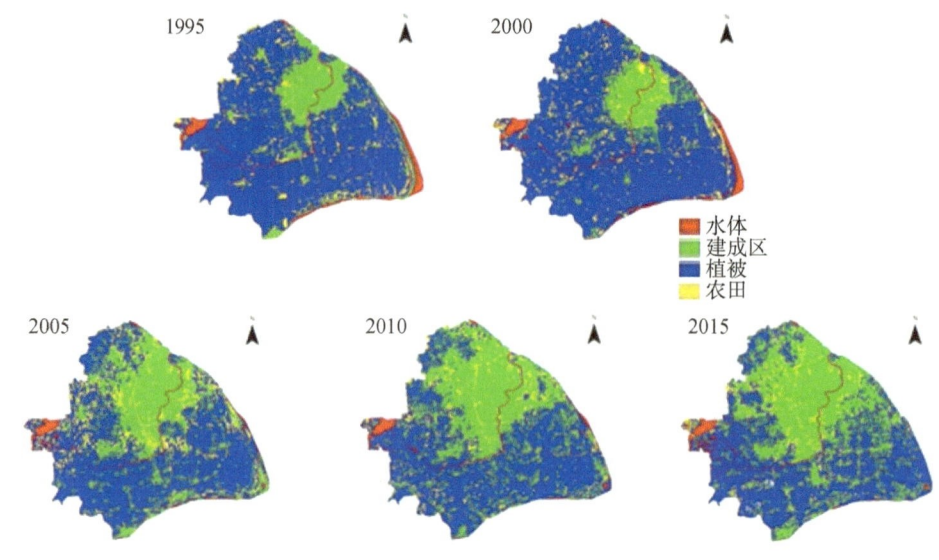

图 1 支持向量机分类的地图

3.2 中心城区的边界提取

目前，提取边界的主要方法可分为人工提取和边缘检测两大类，但这两种提取方法的效率较低。一般来说，中心城区是水泥地表，其光谱特征是相同的。考虑到中心城区在空间上保持连续性，可作为一个组合型的大尺度目标。建筑、街道、广场、工业区等，以及空间中较小的非城市用地（如水体等），均被视为整个中心城区进行提取。因此，本研究采用区域连通性方法直接提取中心城区。最终得到中心城区的边界，如图 2 所示。

4 中心城区空间分析

以从分类图像中提取的上海市中心城区边界为依据进行空间扩展分析。在研究的时间间隔内，中心城区的面积、重心位置和空间分布都发生了变化。通过数据分析得到城市扩张的布局和趋势。

4.1 空间面积变化分析

根据提取的中心城区边界，统计得出每年对应的中心城区面积，并计算出每年城市空间扩张率和扩张强度两个指标。

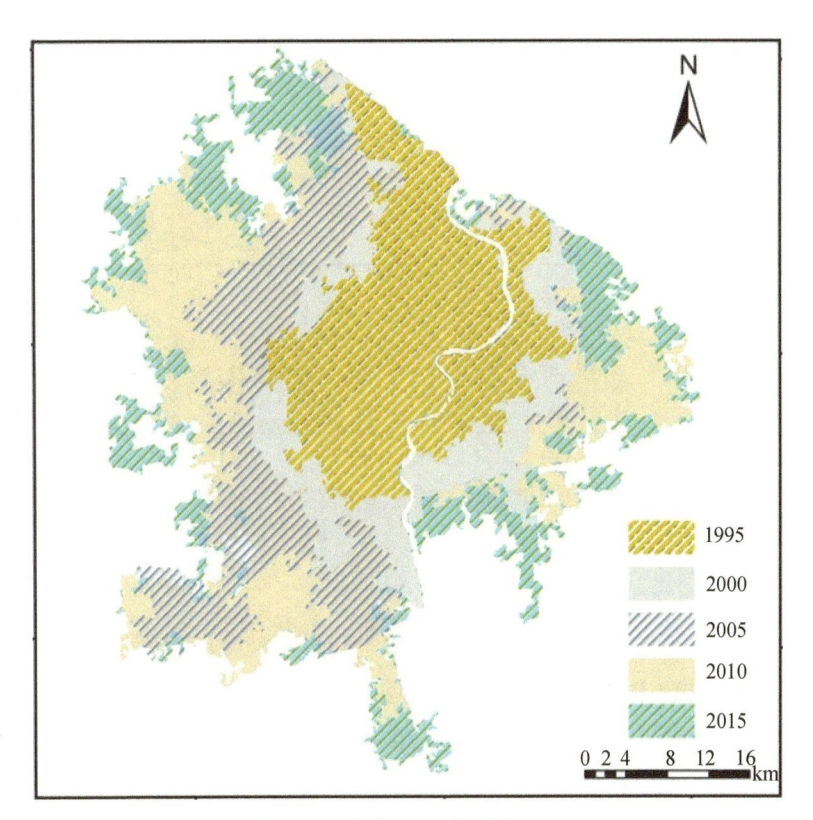

图 2　上海市中心城区叠加图

如图3所示，从1995年到2015年，上海中心城区发展迅速，面积逐年增加。上海中心城区面积21年来增长了1 174.373 6 km²。2015年，城区面积比1995年扩大了2.78倍，平均每年扩大56 km²。2004年、2005年、2013年和2014年，扩张突破100 km²，表现出高速扩张的特征。

在过去的21年中，上海中心城区的扩张强度发生了显著变化，中心城区的快速增长主要分布在宝山区、闵行区、嘉定区和浦东新区。按照等距分类方法，将中心城区扩张强度指数分为低（1%～4%）、中（4%～7%）、快（7%～10%）和高速扩张（10%～13%）4个等级。每5年一个阶段的分析表明，中心城区扩张面积逐年增加，扩张强度先增大后减小。1995—2000年，中心城区呈缓慢扩张趋势，扩张强度为3.91%。2000—2005年，城区扩张强度为7%，是前一阶段的两倍，表明上海城区进入了快速扩张阶段。2010—2015年，受上海市自身发展负荷和政府对土地利用宏观调控的制约，扩张强度降至4.3%，进入中速扩张阶段。从扩张强度看，上海中心城区扩张自1995年以来已呈S形发展，初期发展缓慢，中期发展迅速，后期发展速度放缓。可见，政府对土地利用的宏观调控是有效的。

图 3 上海市中心城区面积及空间扩张率

4.2 空间形态变化分析

在城市空间形态变化分析方面，选取空间形态的空间紧凑度（Zhang et al. 2013）和分形维数 D（Tan et al. 2009）两个指标对上海市中心地区的空间形态变化进行分析。分别计算了 1995 年、2000 年、2005 年、2010 年和 2015 年上海城市空间分布和结构变化两个指标。

空间紧凑度指数是衡量城市空间形态变化的重要指标之一，其取值范围为 0~1。空间紧凑度越高，城市空间越紧凑。相反，空间紧凑度越低，城市的分散性越大（Zhang et al. 2013）。

上海中心边界形状不规则，呈复杂非线性，具有分形特征。城市空间形态的分形维数是描述分形结构的特征指标，可以描述上海中心城区边界形态的复杂性，定量反映形态的变化和人为干预的程度。数值越大，表示形状越复杂。我们得到了 1995—2015 年上海市城市空间紧凑度和空间形态的分形维数，如表 1 所示。

表 1 紧凑度和分形维数表

年份	1995	2000	2005	2010	2015
紧凑度	0.320 3	0.295 2	0.252 9	0.239 6	0.192 7
分形维数	1.313 5	1.329 6	1.358 6	1.358 5	1.407 4

由表 1 可知，1995 年至 2015 年，中心城区紧凑度指数从 0.320 3 下降到 0.192 7，总体呈下降趋势。1995—2005 年和 2010—2015 年这两个阶段的分形维数逐渐增加，分别增加了 0.045 1 和 0.048 9，表明这两个阶段的中心城区主要

向外扩张，且扩张幅度较大。从2005年到2010年，分形维数略有下降，符合紧凑度的变化规律。在此期间，受2010年上海世博会的影响，上海进行了旧城改造和新城建设双管齐下式的城市建设。大量世博展馆的建成，促进了城市基础设施、交通设施、公共设施的完善和更新（如虹桥机场、沪宁城际高速铁路、沪常高速公路等）（Xu，2010）。现阶段中心城区主要以内部结构调整为主。

4.3 重心指数分析

城市重心指数是城市均匀分布的平衡点，是描述城市空间分布的重要指标。通过跟踪不同时期城市空间重心坐标的运动，可以了解城市扩张的轨迹，预测城市的空间发展趋势，如图4所示。

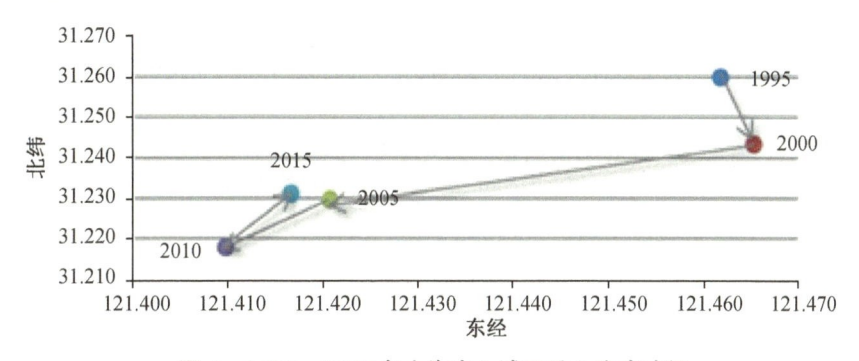

图4　1995–2015年上海中心城区重心移动过程

自1993年第一条地铁开通后，至2016年上海共建成14条地铁线路。地铁交通网络形成网格、环状和放射状的混合体。道路通行能力的提升带动了周边土地利用类型的变化，加速了地铁周边的城市化发展。从图4可以看出，1990年，浦东的发展战略带动了浦西中心城市的扩张。它不仅改变了上海的发展格局，也加强了东西向的城市扩张。整体来看，2000年以后，中心城区进入快速扩张阶段，建设用地面积大幅上升，重心转移明显。上海中心城区的扩张主要集中在西部和西南方向（闵行和松江）。东部和东北地区（浦东新区）受沿海边界限制，扩张强度较小。东南方向中心城区（浦东新区）的主要发展走向为沿黄浦江拓展。

5　驱动力分析

以1995—2015年中心城区统计数据和上海市相关社会经济统计数据（上海市统计局，2016）为基础，采用统计软件SPSS进行相关分析和主成分分析。

然后进一步分析讨论了中心城区变化的驱动因素。通过分析可知，上海中心城区的扩张是人口、经济、政策、环保和能源共同驱动的结果，如下所述。

（1）人口驱动。由于流动人口的不确定性很强，常住人口成为最具活力的驱动力之一。人口的增长加速了城市建设用地对耕地的侵占。固定资产项目、房地产开发和城市基础设施投资的增加，加快了建成区改建和扩建，不仅带动了城乡住宅建设用地规模的增加，而且带动了城镇化水平的提高。此外，公共基础设施也得到改善。

（2）经济驱动。上海以第三产业为主导产业，大力发展第二产业，第一产业比重逐年下降。到2015年，上海第一产业占GDP的比重为0.4%，第二、第三产业分别占GDP的31.8%和67.8%。虽然耕地减少，但随着科技的发展，粮食单产增加，人口与粮食供需矛盾得到缓解。GDP和居民消费的大幅增长带动了各类非农用地的增加。

（3）政策驱动。率先与国际市场接轨，建立了中国第一大外高桥保税区和唯一以出口加工命名的金桥出口加工区。政府出台了吸引外商直接投资的政策，也吸引了人才和劳动力向上海集聚，带动了上海的经济发展，促进了建设用地的增加。

（4）环保能源驱动。随着工业化进程的加快，上海已成为中国最大的综合性工业城市，这增加了许多就业机会，吸引了更多人才来到上海。1995年上海市环保投资46.49亿元。但2015年达到708.3亿元，同比增长14倍。可持续的、大规模的环保投资可以逐步提高生活质量，提高城市居民的幸福感和满意度，吸引更多人才来上海。

6 结论

由于政治、经济、人口等方面的差异，城市化扩张的机制较为复杂。从长时间序列分析城市空间扩张的演化规律，对于优化城市空间结构、促进城市发展具有重要意义。本研究利用1995—2016年的遥感影像，快速有效地监测了上海中心城区近21年的扩张过程，系统分析了中心城区扩张的时空变化。

本研究在研究过程中还存在一些不足：（1）在提取城区边界的过程中，形态处理阈值的设置是主观确定的，因此，如何改进算法以实现全目标自动提取仍需进一步研究。（2）上海区域城市化扩张研究只是从宏观视角对上海地区及其周边地区的研究，被认为是单一的扩张模型。但事实上，上海已经逐渐发展成为一个多区域同步发展的多核心城市。因此，以上海各区域为单位，结合各区域的经济和人口因素，细化扩展区域，可以进一步研究上海各区域的扩张。

致谢： 本研究得到了中国国家自然科学基金（41771449）的支持。

参考文献

Chen Z, Chen J（2006）Urban land image recognition analysis and mapping based on NDBI index method. Geo-inf Sci 8（2）:137–140.

Han-qiu X（2005）Research on water information extraction by using improved normalized difference water body index（MNDWI）. J Remote Sens 9（5）:590–595.

Huang C, Davis LS, Townshend J（2002）An assessment of support vector machines for land cover classification. Int J Remote Sens 23（4）:725–749.

Huete AR（1988）A soil-adjusted vegetation index（SAVI）. Remote Sens Environ 25（3）:295 Kantakumar LN, Kumar S, Schneider K（2016）Spatiotemporal urban expansion in Pune metropolis India using remote sensing. Habitat Int 51:11–22.

Li A, Liu S, Lü A（2011）Research on expansion of built-up area in Zhengzhou during 1999 2007 based on multi-original remote sensing images. J Zhengzhou University 32（2）:125–128.

Tan W, Liu B, zhang Z et al（2009）Remote sensing monitoring and analysis of the built-up area of Kunming city in the past three decades. Geo-Inf Sci 11（01）:117–124.

Thompson WD, Walter SD（1988）A reappraisal of the kappa coefficient. J Clin Epidemiol 41（10）:949.

Xu L（2010）Analysis of the impact of Shanghai world expo 2010 on Shanghai urban economy. Market Weekly Heoretical Res（5）:28–30 Shanghai statistics bureau. Shanghai statistical book [Z]. Statistical Press, Beijing, China.

Zhang Z, Jia D et al（2013）Quantitative analysis of urban spatial morphology and characteristics—a case study of the main urban area of chongqing. Geo-Inf Sci 15（2）:297–306.

Zhan Xin, Pan Wen-bin, et al（2017）Research of urban expansion measures based on multi-source remote sensing data-a case study of Xiamen City. J Fuzhou Univ（Natural Science Edition）45:355–361.

绿色建筑屋顶花园创新模式研究

Xiuyun Fan

摘要： 绿色低碳是未来城市发展的趋势。屋顶花园的建设是实现绿色低碳的途径之一。屋顶花园在改善当地小气候实现可持续发展方面发挥了重要作用，如减缓城市热岛效应、美化环境、减少污染等。本文总结了绿色建筑屋顶花园在打造低碳城市和美化环境方面的功能，提出了一种满足人们需求的屋顶花园景观创新设计模式。

关键词： 屋顶花园；低碳城市；绿色建筑；景观格局；热岛效应

当今世界已进入低碳时代，低碳发展已成为世界城市发展的趋势。随着经济的快速发展和城市化进程的加快，城市环境问题越来越突出，噪声污染、$PM_{2.5}$、热岛效应、垃圾围城等各种环境问题直接威胁着人类的生存和发展。

为了改善居住环境，提高生活质量，创造绿色生态空间，人们正在通过不断增加绿化面积方法改善人均绿化面积不足的问题。屋顶花园可以在改善人均绿化面积不足问题上发挥积极作用。本文探讨了低碳城市屋顶花园景观设计的新模式。

1 相关概念

1.1 屋顶花园

屋顶花园是一种不直接与地面相连的园艺形式。它是指所有建筑屋顶、露台等开放区域的景观美化活动（Lv，2013）。

1.2 城市热岛效应

城市热岛效应是指城市的温度高于周边郊区温度的现象。在城市区域上空形成的高温区相对于郊区呈岛屿状，因此称之为城市热岛效应（Han，2014）。

2 屋顶花园的功能和意义

美化环境，提高城市绿化覆盖率，是降低城市热岛效应的重要手段，能从源头上解决垃圾围城问题，具有降低 $PM_{2.5}$ 的效果（Zhang，2014），同时具有陶冶情操、缓解精神压力等功效。同时减轻城市洪涝灾害，保护建筑，延长其使用寿命（Ren，2010）。

3 屋顶花园与地面花园的设计因素差异

屋顶花园属于建筑的"第五立面"，因此与一般的花园有着独特的区别。其面积不大，受空间地形限制，垂直变化空间不大。种植土壤为人工合成，土层较薄，不与大地相连，水源有限。由于受到屋顶承载力等因素的限制，其景观因素，如建筑、景观通常小而简短。位于高层建筑的顶部，人少，视野更开阔，环境更安静，不受周围环境影响，无需考虑地下管线影响等。

4 屋顶花园的植物选择要求

（1）选择不害怕寒冷和高温的低矮灌木、盆花或地被植物。
（2）选择嗜日光、抗不育的浅根植物。
（3）为达到提高绿化覆盖率、杀菌抗污染、净化空气的目的，尽量使用常绿植物或季节性色彩明显的有色芳香花卉。
（4）适应适当土地原则。选择生长缓慢、易于移栽、成活率高、耐修剪、易管理、抗污染的植物。这样既可以节省成本，又可以达到稳定场景的效果。

5 屋顶绿化调查

问卷调查：本次调查对象为广州及佛山地区屋顶花园的居民和单位，采用现场和电话访谈相结合的方法，针对无屋顶花园的居民和单位以及屋顶花园的居民和单位设计了4种问卷，每种问卷发放50张，共200份。回收200份，回收率100%。

访谈调查：通过面对面深度访谈和电话访谈的方式，对广州市和佛山市及周边地区的碧桂园度假村、北滘镇碧桂园、碧桂园总部、越秀区卫生局、华南农业大学等23个单位，以及广州增城区27个单位和社区居民进行了访谈，对屋顶花园优缺点、类型进行了调查，并探讨了屋顶花园偏好和技术开发的要点。共收到48条反馈信息，反馈率为96%。

数据统计分析：采用EXCEL2003软件进行统计分析。

5.1 调查结果展示I（见图1）

这些区域的屋顶花园绿化方式一般有四种类型：地被、盆花组合、棚架和花园风格。每种类型都有其优缺点。居民对不同类型的屋顶花园有不同的看法，他们的偏好也不同。但喜欢花园型屋顶花园的居民比例较低，仅为10%。调查结果表明，主要类型屋顶花园的优缺点如下（2017年6月）。

花园风格：植物品种丰富，比例匀称，易成对或成组排列，景观分层美观。但是，景观材料的重量较大，成本较高。

盆花：植株体型小，重量轻，多为矮株，景观层次不清，盆花需施肥、浇水、多锄。

地被：轻便简单，负荷轻，铺设速度快，管理方便，成本低，植物品种少、面积小，安全性能高。但观赏性能差，影响人们的休闲娱乐活动。

棚架：藤蔓具有特殊的美感和景观效果。但是，脚手架稳定性需要保障，不能建得太高。

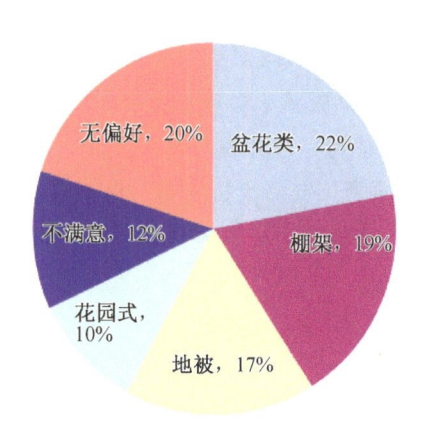

图1 屋顶花园类型及喜好度统计表

图 2　屋顶花园类型及偏好度调查

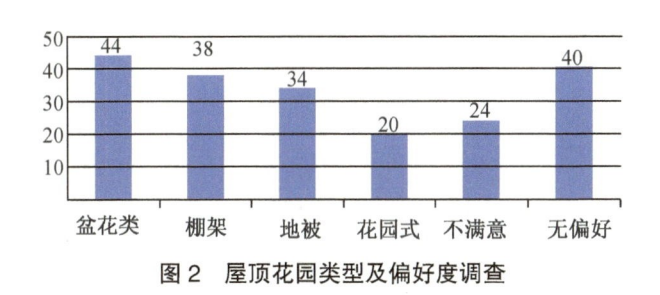

5.2　调查结果展示Ⅱ（见图 3）

65% 的人认为有必要进一步改进屋顶花园的设计模式，对现有的屋顶绿化不满意。改进需考虑的因素有：美观、实用、技术手段、生态效益、修复功能、减轻负荷等。人们越来越重视健康问题，希望所使用的植物能够调理身体，减轻负荷，同时希望出现一种低投入、高产出的新型生态设计模式。他们要求是四季常绿，三季有花（Li et al. 2012）。

图 3　现有屋顶花园改进需考虑的因素

5.3　调查结果展示Ⅲ

80% 的人质疑屋顶花园的安全性，主要是担心漏水、蚊子、资金、养护等问题。比如有植物的地方，肯定会有一些蚊子，甚至南方也会有毒蛇喜欢栖息在香薰植物上。这可能会给居住者带来安全隐患和生活不便。暴雨来临时，有的植物容易倒伏，有的植物会连根拔起，破坏屋顶种植层，造成屋顶漏水。44% 的人对定期修剪所需的资金来源表示担忧。23% 的人认为屋顶花园只有顶层住户才受益，容易享受到，与自己无关。

6 休闲综合生态屋顶花园模式探讨

6.1 不同类型屋顶花园建筑的温湿度测量

检测地点：位于离市区不远的几栋楼的屋顶花园内。选取花园式、棚架式、地被式、盆花式、裸露屋顶五种类型做对照（见表1）。

测试工具：使用 DWS508C 型温度计、湿度计（湿度测量精度为 0.1%RH，温度测量精度为 0.10 ℃）、照度计 ZDS-10。

检查方法：共7次，每天仅一次，在不同类型屋顶花园中心的同一高度（距地面的距离）处测量温度和相对湿度。

数据统计分析：采用 EXCEL2003 软件进行统计分析。图4展示了统计结果。

结果与分析：裸露屋顶温度最高，达到 37 ℃，花园最低温度仅为 29 ℃，降温效果明显，裸露屋顶相对湿度也最低，仅 26%，地被植物的相对湿度最高。屋顶花园的温度排序为：裸露屋顶>盆花>花园>棚架>地被，相对湿度顺序为：地被>花园>棚架>盆花>裸露屋顶。

可见，不同类型的屋顶花园在调节温度和湿度方面的作用不同，这就决定了不同类型的屋顶花园在节电、降低 $PM_{2.5}$、改善热岛效应等方面的作用不同。每个都有其优点和缺点。

在此基础上，提出了综合生态屋顶花园创新模式，以最大限度地发挥不同类型屋顶花园的功效，并相互补充。

表1 广州市增城区实验室大楼屋顶花园基本情况

地址	名称	建筑类型	屋顶花园种类	增长情况	管理情况
增城区前进路23号	凤凰山公园	单元	棚架式	好	专业管理
增城区光明西路6号	家庭住宅楼	私人持有	盆花式	一般	私人管理
增城区自来水公司	家庭住宅楼	私人持有	花园式	好	私人管理
增城区西城路23号	泰富广场3号楼	单元	地被式	好	专业管理
增城区前进路21号	长寿寺	单元	裸露屋顶		

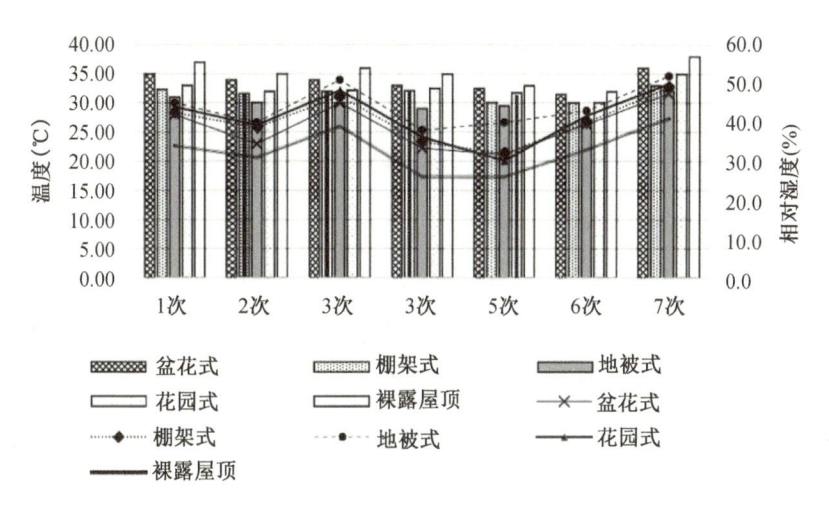

图4 不同类型屋顶花园的温湿度对比

6.2 总体目标

在以人为本的原则下，以科学、艺术的方法，秉承生态、经济、创新的原则，合理安排植物、人造山、廊架、小简建筑等景观要素，形成多层次的新设计格局，为人们提供一个集生态、环保、休闲娱乐为一体的多功能环形空中花园。

6.3 框架设计

这种模式可以分为三层：上层、中层和下层。

上层：设置藤条长廊架，覆盖葡萄、紫藤、桔梗等花果效果植物，与高大的树木相比，可减轻负荷。

下层：靠近屋顶一层，设有水箱，可采用预制水箱喂养鱼、虾、龟，搭配水草、海藻等水生植物。可以在水中放一些鹅卵石装饰，配置一些盆栽景观。

中间层：可在廊架与下层水箱之间的悬空部分分层放置鸟笼等鸟类栖息的设施，以饲养鸽子、鹦鹉和观赏鸡，不仅可以吸引鸟类驻足，还可以杀死蚊子。

藤蔓覆盖的树冠框架可以遮蔽中间层的鸟类。鸟粪可落于下方水箱喂鱼，形成上层、中层、下层低碳绿色有机可持续生态循环模式。空余空间铺以道路，铺以草皮，设置假山、亭、座等休闲设施。设计建筑通过搭配合理的植物与周围环境相融合。

6.4 植被设计

为了体现其康复功效，在植物设计中考虑了与十二经络的关系。人体吸入植物中的有益化学气体后，可以起到舒缓作用。

6.5 生态链设计

冠层植物 – 鸟类 – 鱼塘 – 草地 – 花园，组成简单的生态循环模式。这种模式可以从视觉、听觉、嗅觉、触觉、味觉等方面缓解人们的心理压力，陶冶情操，丰富精神生活，体现人与自然和谐共生、相互促进的生态低碳循环设计理念。

7 结论[①]

大多数人都支持屋顶花园的建设。人们对不同类型的屋顶花园有不同的偏好，其中 12% 的人对现有的类型和模式不满意，人们期待一种功能更完善的生态修复型屋顶花园。

现有屋顶花园保温保湿效果明显，但仍需改善，如提高生态效益、减轻负荷等，仍需增加经济投入和技术支持。

目前需解决屋顶花园的经济投资和养护管理问题，全面落实维修人员和管理制度，加强宣传、指导、投入、管理等，体现其重要性。

参考文献

Han C（2014）Research on influence mechanism of regional urbanization to heat island effect based on RS. China University of Geosciences, Beijing.

Li W and Li W（2012）Research on expression of landscape ecology and culture of modern residential area in Shaanxi Wubao County of China. J Landscape Res.

Lv J（2013）Analysis of roof garden design of commercial building in China. Hangzhou Normal University, Hangzhou.

---

① 注：本论文为广东省教育厅 2017 年本科高校重点平台特色创新项目和科研创新项目——基于多功能训练的园林规划设计实践教学创新成果之一（课题编号：2017GXJK224）。

Ren B (2010) Urbanization solving of "garbage siege". Ningbo Econ: Financ View 8.

Sun C (2017) Planning and design of Mudanshan Mountain based on the integration of characteristic culture in Jiangning District of Nanjing City. Tianjin University, Tianjin.

Wang W (2011) Study on plant application, landscape and ecological benefit roof garden in Hangzhou City. Zhejiang Agricultural and Forestry University.

Zhang Y (2014) Research on slow traffic system planning in mountain cities. Chongqing Jiaotong University.

第二章

环境化学

负载 nZVFe/Ag 双金属的磺化聚苯乙烯微球的制备及其在 3-CP 催化还原中的应用

Lixia Li, Lin Li, Wenqiang Qu, Kejun Dong, Gulisitan, Duoduo Chen

摘要：采用无皂乳液聚合和分散聚合的方法，合成了两种磺化聚苯乙烯微球。以其为载体，采用 $NaBH_4$/PVP 还原法制备了 SPS_1@Ag（$NaBH_4$）、SPS_1@Ag（PVP）、SPS_2@Ag（$NaBH_4$）和 SPS_2@Ag（PVP）4 种 SPS@Ag 微球。其中以 SPS_1@Ag（PVP）为最佳，其 nZVAg 大小在 20 nm 左右，均匀负载在 SPS 上，是负载量最大的微球。采用化学还原法制备了负载的 nZVFe/Ag 的 SPS（SPS@nZVFe/Ag）。部分 nZVI 均匀地覆盖在 SPS_1@nZVAg 表面，其他部分以 30~100 nm 大小的颗粒形式存在，nZVI 的负载量为 0.254 g/g。以 3-氯苯酚（3-CP）为模型污染物，详细探究了 SPS@nZVFe/Ag 的反应行为。考察了 Ag/Fe 摩尔比和溶液初始 pH 对 SPS@nZVFe/Ag 反应性的影响。在最佳反应条件下，在 50 mL 20 mg/L 3-CP 溶液（pH=5）中，在搅拌（110 r/min）10 min，以约 0.344 g SPS@nZVFe/Ag（Ag/Fe=0.041）将 97% 的 3-CP 还原为苯酚，反应符合准一级动力学模型。反应速度很快，K_{obs} 为 0.684 min^{-1}，这与 Fe^0 与 Ag^0 之间的电化学作用和载体上的 $-HSO_3$ 基团对 SPS@nZVFe/Ag 具有良好的亲水性有关。从总体上看，SPS@nZVFe/Ag 具有良好的还原活性，说明 SPS@nZVFe/Ag 在氯酚类污染物的还原降解中具有潜在的实际应用价值。

关键词：负载 nZVFe/Ag 的磺化聚苯乙烯微球；催化还原；3-氯苯酚

1 引言

1994年，Gillham首次提出了nZVI可以有效地用于地下水的原位修复（Gillham et al. 1994）。从那时起，作为还原剂的nZVI迅速被证明可以成功降解各种污染物（Lofrano et al. 2017）。同时，据研究，Fe/Pd、Fe/Ag、Fe/Pt、Fe/Ni、Fe/Cu等双金属Fe纳米粒子显示出比nZVI更高的还原能力，可以还原许多难溶物质，如芳香烃、多氯脂肪烃、重金属以及硝基和偶氮芳香烃（Liu et al. 2014；Liu et al. 2017；Yuan et al. 2017）。然而，由于它们的尺寸小，nZVI和其他纳米级金属颗粒显示出强烈的聚集趋势，纳米铁难以从纯化的基质中分离（Liu et al. 2014；Noubactep et al. 2012）。在固体载体上负载纳米级金属颗粒被证明是克服这些不足的有效方法。迄今为止，已有大量研究者研究了不同固体载体，如黏土（Ezzatahmadi et al. 2017）、二氧化硅、活性炭（Choi et al. 2008）、沸石、高岭石（Zhou et al. 2018）、硅藻土（Ezzatahmadi et al. 2018）、石墨烯、碳纳米管、PS、PGE/PVDF、聚苯胺、PAA/PVA等（Zhao et al. 2011；Stefaniuk et al. 2016）对纳米金属颗粒的负载性能。这些研究表明，与未负载的对应物相比，载体负载的nZVI和双金属Fe纳米粒子通常表现出更高的效率、更好的稳定性和良好的分离性。同时发现，载体的种类甚至载体的表面基团不仅影响负载量、粒径和团聚行为，而且负载纳米金属颗粒与底部污染物之间的还原反应也受到其影响（Liu et al. 2014；Parshetti and Doong 2009；Zhang et al. 2013）。基于此，可推测载体在负载的纳米级金属颗粒的制备和使用中发挥了重要作用。

因为聚苯乙烯（PS）易于用廉价材料制备，环境稳定性高，并且具有可功能化的特性，被广泛用作载体材料。一些研究表明，由于空间效应、静电双层排斥相互作用和范德华引力，PS上的表面官能团会影响负载nZVI的形成和性质（Jiang et al. 2011；Park et al. 2009）。这些结果促使我们制造功能化PS微球支持nZVI或双金属Fe纳米粒子并研究它们在降解环境污染物方面的效率。2018年初，作者所在课题组开展了利用具有不同表面官能团的聚苯乙烯微球负载纳米级零价铁还原硝基苯的研究，在该研究中用PS-CH$_2$-N$^+$(C$_2$H$_5$)$_3$Cl$^-$载体负载nZVI，对硝基苯有极好的还原效果和非常快的还原速率。但不幸的是，PS-CH$_2^+$N(C$_2$H$_5$)$_3$Cl$^-$负载的nZVI对CP的还原能力较低（Li et al. 2018）。在这里，制备两种负载nZVFe/Ag的磺化PS微球，以3-CP为模型污染物，研究SPS@nZVFe/Ag的催化还原活性。PS微球中引入HSO$_3^-$基团有助于提高

Fe^{3+} 和 Ag^+ 的吸附能力以及载体微球在水中的亲水性。

2 实验过程

2.1 实验材料和实验方法

实验材料苯乙烯（St，AR）、无水乙醇（AR）、浓硫酸（AR）、聚乙烯吡罗烷酮（PVP，GR）、硝酸银（AR）、六水合氯化铁（$FeCl_3 \cdot 6H_2O$,AR）、氢氧化钠（AR）、硼氢化钠（$NaBH_4$，AR）、甲醇（HPLC）、盐酸（36%～38%，AR）、二乙苯（DVB，55%）、氯苯酚（3-CP，AR）、苯酚（AR）、偶氮二异丁腈（AIBN，98%）均为市售。AIBN 经甲醇重结晶净化，真空干燥后使用。St 经真空蒸馏净化后使用。

FTIR 光谱使用 Nicolee Nexus 670 FTIR 光谱仪记录。用 X 射线衍射仪确定了研究粒子的结晶度和离子组成成分。其扫描条件为：使用 CuKβ 辐射，辐射电压和电流为 40 kV 和 40 mA，扫描角度为 5°和 80°之间，扫描速度为 $2°min^{-1}$。采用 JEOLJSM-7001F 热场发射扫描电镜（SEM）结合 GENESISXM 能谱仪对催化还原剂进行了微观形貌和定点定量分析。SEM 的工作电压为 15 kV。EDS 的加速电压为 20 kV。在预处理过程中，需要特别注意防止负载的 nZVI 氧化。采用 LC-2010 Aup HT Shimadzu 高效液相色谱仪监测 CP 浓度，液相色谱装备 WAT054275 C18 柱和紫外检测器，其检测波长为 375 nm。流动相为甲醇 – 水（70∶30），流速为 1.0 mL/min，柱温为 30 ℃。

2.2 磺化聚苯乙烯微球的合成

首先，通过两种合成方法合成了两种聚苯乙烯微球 PS_1 和 PS_2。

PS_1 微球根据已发表论文方法制备（Fontanals et al. 2008）。将 9.8 mL St 和 0.2 mL DVB 加到 250 mL 脱氧水中，置于 500 mL 三颈烧瓶中，保持在 75 ℃。将 0.2 g AIBN 溶于 10 mL 去离子水中，滴加到反应物混合物中。在氮气氛围及 75 ℃的反应温度下，进行 11 h 机械搅拌，搅拌速度为 300 rpm。然后，PS_1 微球从混合物中离心分离，依次用酒精和蒸馏水对其洗净，然后将其在 30 ℃真空下干燥 12 h。

根据实验报告制备 PS_2 微球（Hong et al. 2007）。将 3 g PVP 加入 250 mL 乙醇水溶液（$V_{C_2H_5OH}∶V_{H_2O} = 95∶5$）中，置于 500 mL 三颈烧瓶中，温度为 70 ℃。将 15 mL St 和 0.2 g AIBN 的混合物加入上述配制的混合溶液中。反应在 70 ℃，

氮气保护下进行，机械搅拌 24 h，搅拌速度为 300 rpm，离心分离 PS$_2$ 微球，用蒸馏水洗涤数次，30 ℃真空干燥 12 h。

其次，在 100 mL 浓硫酸中加入 3 g PS$_1$ 微球或 PS$_2$ 微球（Jang et al. 2013）。利用超声振动对混合物进行分散。然后在 45 ℃条件下，以 300 rpm 的速率机械搅拌 6 h，并用冰水冷却混合物，然后自然分层。将 SPS 微球从上层离心分离，用蒸馏水洗涤数次，30 ℃真空干燥 12 h。

2.3 SPS@Ag 的制备

采用两种载体方法制备了 SPS 载体的纳米零价银，记为 SPS@Ag。

一种是以 NaBH$_4$ 为还原剂的溶液化学还原法（Zhang et al. 2018）。在 20 mL 去离子水中加入 0.25 g SPS，超声振动分散。将 5 mL 硝酸银（0.1 mM）溶液加到 SPS 悬浮液中。对混合物在室温下进行 3 h 的搅拌（100 rpm）。然后，将上述混合物添加到 25 mL NaBH$_4$（0.5 M）溶液中。在 4 ℃条件下反应 1 h。然后，在 10 000 rpm 离心速度下离心分离出 SPS@Ag，用去离子水对其清洗两次，添加至 10 mL 无水乙醇中保存。

第二种方法是使用 PVP 作为还原剂的化学还原法（Liao et al. 2016）。将 0.25 g SPS 和 1 g PVP 加到 68 mL 蒸馏水中，置于带有回流冷凝器的 250 mL 三颈烧瓶中。利用超声振动将混合物分散，N$_2$ 氛围下脱氧 30 min，然后将 5 mL 硝酸银（0.1 mM）溶液加到 SPS 悬浮液中。在 70 ℃下进行 7 h 的搅拌，搅拌速度为 100 rpm。在 10 000 rpm 离心速度下，离心分离出 SPS@Ag，用无水乙醇和去离子水交替洗涤 6 次，加到 10 mL 无水乙醇中保存。

2.4 SPS@nZVFe/Ag 的制备

将上述制备的 SPS@Ag 和无水乙醇溶液加到 40 mL FeCl$_3$（100 g/L）乙醇溶液中静置 12 h，以吸附 SPS@Ag 表面的 FeCl$_3$。将混合物过滤，所得粉末用乙醇洗涤 2 次，加到装有 20 mL 乙醇的 100 mL 广口瓶中。然后，将 40 mL NaBH$_4$（0.5 M）溶液滴加到粉末悬浮液中，同时用手旋转。加完后静置溶液至无气泡产生。然后以 10 000 rpm 的速度离心分离 SPS@nZVFe/Ag 并用去离子水洗涤数次，在 30 ℃下真空干燥 12 h。

2.5 SPS@nZVFe/Ag 催化还原 3-CP

3-CP 的还原实验在 250 mL 的三颈圆底烧瓶中进行，温度为 20 ℃，搅拌速度为 110 r/min。先在烧瓶中加入 50 mL 20 mg/L 的 3-CP 溶液，N$_2$ 氛围下脱氧 10 min，用盐酸（0.5 M）或氢氧化钠（0.5 M）调节溶液初始 pH，加入适量新鲜制备的 SPS@nZVFe/Ag。反应在氮气氛围中进行，反应温度为 20 ℃，搅拌速度为 110 r/min。在反应过程中，在预定的时间间隔内提取 1.5 mL 溶液，过滤，稀释，并使用 LC-2010 Aup HT Shimadzu HPLC 仪器或 Waters 1525 高效液相色谱仪器分析 3-CP 和苯酚浓度。

3 实验结果与讨论

以 St 为反应单体，去离子水为溶剂，DVB 为交联剂，AIBN 为引发剂，采用无皂乳液聚合法制备 PS_1 微球。以 St 为反应单体，乙醇水溶液（$V_{C_2H_5O}$ ∶ V_{H_2O} = 95 ∶ 5）为溶剂，PVP 为分散剂，AIBN 为引发剂，通过分散聚合法制备 PS_2 微球。通过优化反应条件，制备了两种 PS 微球。然后用浓硫酸将两者磺化。PS 和 SPS 的 FTIR 光谱如图 1 所示。比较 PS 和 SPS 的两个 FTIR 光谱，在 1 177 cm^{-1} 处是 $-HSO_3$（Merche et al. 2010）的特征峰，该特征峰在光谱中出现表明 SPS 合成成功。

PS_1、PS_2、SPS_1 和 SPS_2 的显微形态见图 2。可见 PS_1 和 PS_2 均为球状。PS_1 的直径约为 340~380 nm。磺化后，SPS_1 变成均匀的球状，直径为 390 nm。比较 PS_1 的形状，PS_2 是均匀的球状，直径较大，约为 580 nm。PS_2 磺化后，SPS_2 的尺寸略有增大并发生黏连，不利于作为载体。

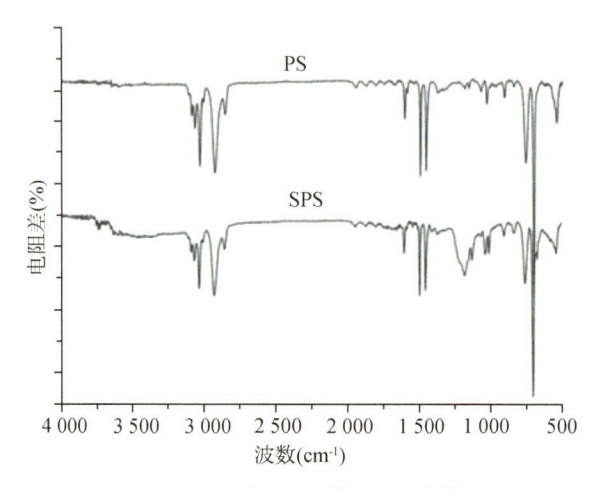

图 1 PS 和 SPS 的 FTIR 光谱

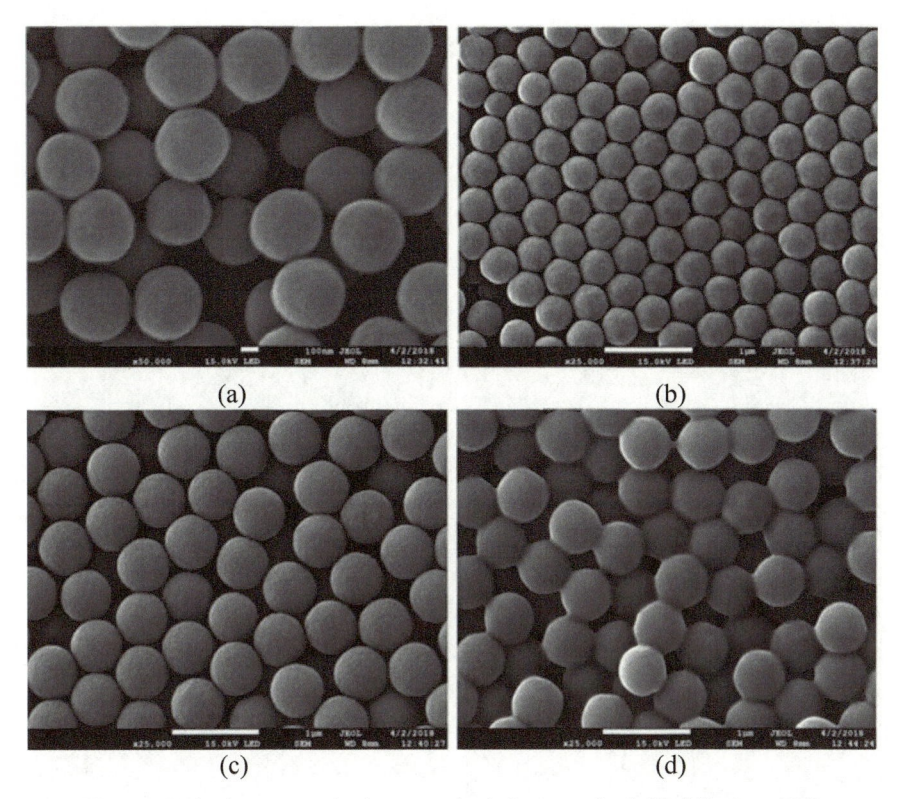

图 2 PS$_1$(a)、SPS$_1$(b)、PS$_2$(c)和 SPS$_2$(d)微球的 SEM 图像

用 NaBH$_4$ 还原法和 PVP 还原法制备 SPS@Ag。以 NaBH$_4$ 为还原剂制得的 SPS@Ag 记为 SPS@Ag（NaBH$_4$），以 PVP 为还原剂制得的记为 SPS@Ag（PVP）。得到四种 SPS@Ag 颗粒，即 SPS$_1$@Ag（NaBH$_4$）、SPS$_1$@Ag（PVP）、SPS$_2$@Ag（NaBH$_4$）和 SPS$_2$@Ag（PVP）。由于 NaBH$_4$ 还原性强，容易与水反应生成氢气，所以 Ag$^+$ 与 NaBH$_4$ 的还原反应应在较低温度下进行。PVP 还原性弱，因此用 PVP 还原 Ag$^+$ 应在较高温度、无氧环境下进行。SPS$_1$@Ag（NaBH$_4$）、SPS$_1$@Ag（PVP）、SPS$_2$@Ag（NaBH$_4$）和 SPS$_2$@Ag（PVP）的微观形貌如图 3 所示。对于 SPS$_1$@Ag（NaBH$_4$），nZVAg 颗粒不均匀地锚定在 SPS 微球表面，它们的大小从 20 nm 到 70 nm 不等，这应该归因于 Ag$^+$ 和 NaBH$_4$ 的快速反应速度。相比之下，SPS$_1$@Ag（PVP）中的 nZVAg 颗粒分布良好，大小均匀，为 20 nm。比较 SPS$_1$@Ag（NaBH$_4$）和 SPS$_2$@Ag（NaBH$_4$）、SPS$_1$@Ag（PVP）和 SPS$_2$@Ag（PVP）的 SEM 图像，可以看出 SPS$_2$@Ag（NaBH$_4$）和 SPS$_2$@Ag（PVP）中 nZVAg 颗粒有类似的分布规律。但是，

nZVAg 在 SPS$_2$@Ag 上的负载量远低于 SPS$_1$@Ag。nZVAg 在 SPS$_1$@Ag（PVP）上的负载量最大。所以 SPS$_1$@Ag（PVP）是最好的，并被选为研究对象。因此，nZVAg 的负载量的影响因素值得进一步研究。

图 3　SPS$_1$@Ag（NaBH$_4$）、SPS$_1$@Ag（PVP）、SPS$_2$@Ag（NaBH$_4$）和 SPS$_2$@Ag（PVP）微球的 SEM 图像

nZVI 在 SPS@Ag 微球上的负载是通过化学还原进行的。首先，在乙醇相 FeCl$_3$ 中，解离的 Fe^{3+} 通过物理吸附吸附到 SPS$_1$@nZVAg 微球表面。当 SPS$_1$@nZVAg 的颜色从白色变为深黄色，杂化颗粒的颜色变成黑色时，使用 NaBH$_4$ 溶液将吸收的铁离子还原为 nZVI，这表明 nZVI 加载成功。这也可以通过混合减速机的 EDS 检测得到证实。SPS@nZVFe/Ag 微球的 SEM 图像如图 4 所示。可以看出，一部分 nZVI 均匀地覆盖在 SPS@nZVAg 表面，其他部分以颗粒形式存在（大小从 30 nm 到 100 nm），该现象也曾在之前的文献中被提到过（Li et al. 2018）。nZVI 的均匀分散皱纹结构和粒子结构均显示出其对纳米粒子团聚和聚集的良好限制作用。nZVAg 和 nZVI 的负载量主要由 Ag$^+$ 和 Fe^{3+} 的吸附量决定，可以通过调节 AgNO$_3$ 和 FeCl$_3$ 溶液的浓度来控制。根据 SPS@nZVAg 和 SPS@nZVFe/Ag 的 EDS 谱（图 5）可知，nZVAg 和 nZVI 均被成功负载，

SPS@nZVFe/Ag 的 nZVI/Ag 负载量为 0.254 g/g，该参数高于以往文献中的数值（Zhang et al. 2013；Li et al. 2018；Bai et al. 2009），这应该归因于载体表面上 Fe^{3+} 和 SO_3^- 的吸引力。三种 Ag/Fe 的摩尔比分别为：0.023、0.041 和 0.058。

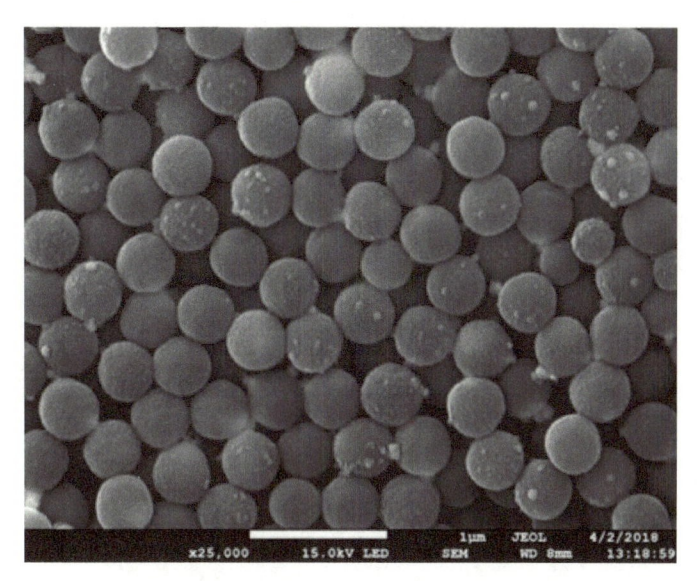

图 4　SPS@nZVFe/Ag 微球的 SEM 图像

本文以 3-CP 作为模型污染物，研究了 SPS@nZVFe/Ag 在室温（20 ℃）下的反应活性。50 mL 20 mg/L 3-CP 溶液中的 3-CP 被约 0.344 g SPS@nZVFe/Ag 催化还原，该重量的催化剂由 0.25 g SPS_1 制备。同时还研究了 Ag/Fe 摩尔比和初始溶液 pH 对 SPS@nZVFe/Ag 活性的影响。在反应过程中通过 LC-2010 Aup HT Shimadzu HPLC 仪器监测每个反应，结果显示在图 6 和图 7 中。数据显示大部分反应在 10 min 内达到平衡，表明 SPS@nZVFe/Ag 的活性非常高。

由图 6 可以看出，在 Ag/Fe 摩尔比为 0、0.023、0.041、0.058 的情况下，反应达到平衡后 3-CP 的降解率分别为 51%、82.8%、97% 和 95.2%。在相同条件下，3-CP 的降解率随着 Ag/Fe 摩尔比的增加而增加，表明 nZVg 的存在可以提高 nZVI 的活性。原因是 nZVI 与 nZVAg 相邻会产生电化学效应，nZVI 为负极，nZVAg 为正极，加速了 nZVI 的氧化，产生了更多的 H_2，从而促进了 3-CP 的还原。但是当 Ag/Fe 摩尔比过高时，包裹在 SPS 载体表面的 nZVAg 会阻碍 nZVI 的加载。因此，最佳的 Ag/Fe 摩尔比约为 0.041。

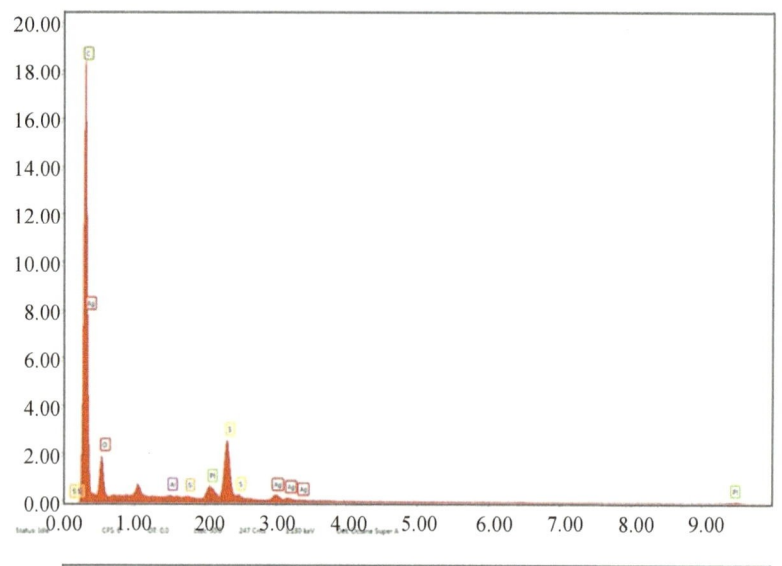

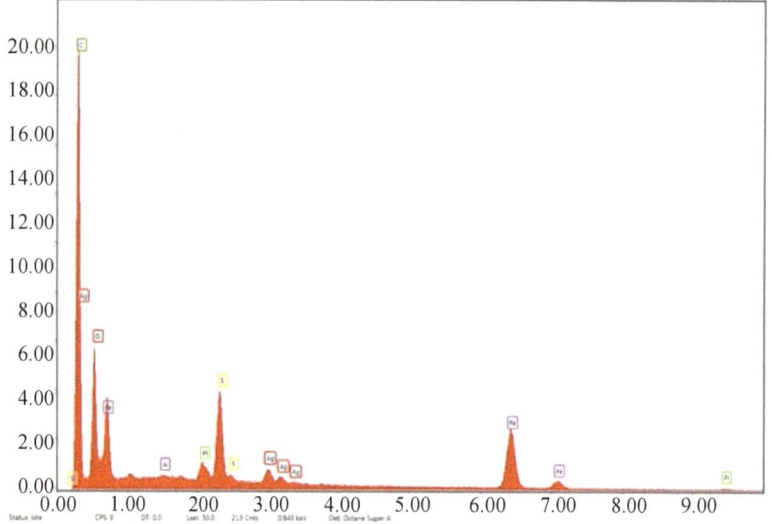

图 5　SPS@nZVAg 和 SPS@nZVFe/Ag 的 EDS 谱图

从图 7 可以看出，3-CP 在 pH 为 3、5、7 和 9 的情况下，反应达到平衡后的降解率分别为 94%、96%、52% 和 21%。3-CP 的降解率随着 pH 的升高先增加后降低。可能的原因是当 pH 为 3 时，nZVI 被 Fe^0 和 H^+ 的反应浪费掉了，因此没有足够的 Fe^0 来还原 3-CP。在碱性条件下，Fe^{3+} 与 OH^- 反应会生成一些固体 $Fe(OH)_3$，它们会沉淀在 nZVI 的表面并阻碍反应。而在弱酸条件下，酸中解离的 H^+ 不足以与 Fe^0 反应生成 H_2，但足以促进反应（Liang et al.

2015；Li et al. 2016）。因此当 pH 为 5 时，获得了 96% 的最佳降解率。

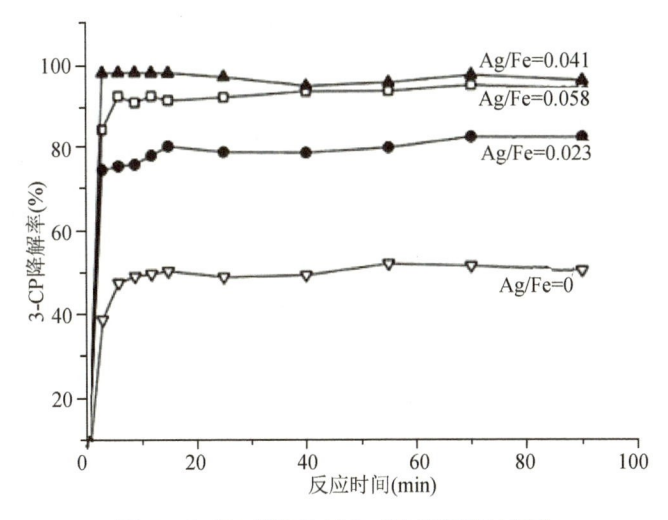

图 6　Ag/Fe 摩尔比对 3-CP 降解率的影响

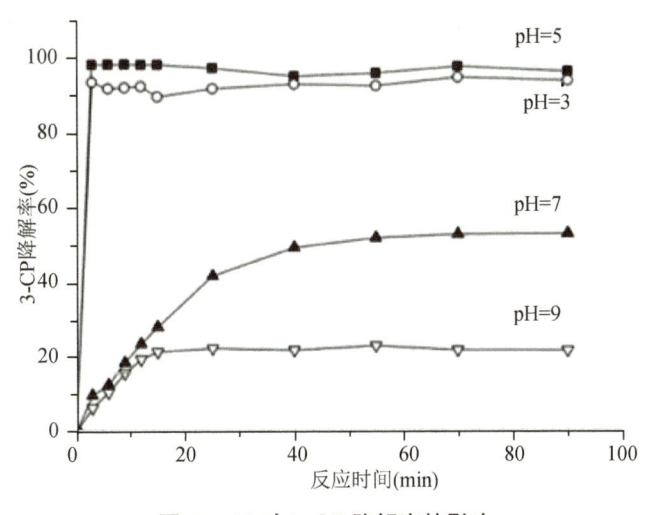

图 7　pH 对 3-CP 降解率的影响

根据上述研究，3-CP 和 SPS@nZVFe/Ag 的最佳反应条件为 pH=5、20 ℃、110 r/min 磁力搅拌。在这种情况下，50 mL 20 mg/L 3-CP 溶液中的 97% 的 3-CP 可以在 10 min 内被约 0.344 g 新鲜负载的 SPS@nZVFe/Ag 降解。在最佳反应条件下，反应的 HPLC 谱如图 8 所示，表明在还原反应过程中没有中间产物。本文对该过程的反应动力学进行了拟合，结果呈现在图 9 中。动力学速率方程如方程 1 所示。

$$\ln C_t / C_0 = -K_{obs} t \tag{1}$$

其中 C_t 和 C_0（mg/L）分别为 t 时刻 3-CP 的残留浓度和初始浓度；K_{obs}（min^{-1}）是表观速率常数。

从图 9 可以看出，C_t / C_0 与 t 之间呈线性关系且具有较高的相关系数。结果表明，还原反应被伪一级动力学模型很好地拟合，最佳反应条件下反应的表观速率常数为 0.684 min^{-1}，这一方面归因于 Fe^0 和 Ag^0 之间的电化学效应，另一方面是由于 SPS 表面负载的 –HSO$_3$ 使得 SPS@nZVFe/Ag 拥有良好的亲水性。

4 结论

通过无皂乳液聚合、分散聚合和磺化反应成功合成了 SPS$_1$ 和 SPS$_2$ 两种磺化聚苯乙烯微球载体。然后，采用 NaBH$_4$ 还原法和 PVP 还原法制备了 SPS 负载的纳米级零价银，得到了四种 SPS@Ag 颗粒，即 SPS$_1$@Ag（NaBH$_4$）、SPS$_1$@Ag（PVP）、SPS$_2$@Ag（NaBH$_4$）和 SPS$_2$@Ag（PVP）。比较负载的 nZVAg 的微观形貌和负载能力发现，SPS$_1$@Ag（PVP）上负载的 nZVAg 最大，SPS$_1$@Ag（PVP）负载的 nZVAg 大小均匀，为 20 nm，因此 SPS$_1$@nZVAg（PVP）被选中以负载 nZVI。然后，基于 SPS$_1$@Ag（PVP），通过化学还原反应成功合成了 SPS@nZVFe/Ag。SEM 图像显示，部分 nZVI 均匀覆盖在 SPS@Ag 表面，其他部分以 30 nm 至 100 nm 的颗粒形式存在。通过 SPS 上 Fe^{3+} 和 SO_3^- 之间的吸引力，获得了高含量的 nZVI（0.254 g/g），制备了四种 SPS@nZVFe/Ag，Ag/Fe 的摩尔比为 0、0.023、0.041 和 0.058。以 3-CP 作为模型污染物，仔细研究了 SPS@nZVFe/Ag 的反应活性。先后研究了 Ag/Fe 摩尔比和初始 pH 对 SPS@nZVFe/Ag 还原 3-CP 的影响。SPS@nZVFe/Ag 显示出极好的还原活性。在最佳反应条件下，50 mL 20 mg/L 3-CP 溶液（pH=5）中的 97% 3-CP 在 20℃下可被约 0.344 g SPS@nZVFe/Ag（Ag/Fe 摩尔比为 0.041）还原为苯酚，搅拌速度为 110 rmp 时在 10 min 内反应完，速度非常快。SPS@nZVFe/Ag 对 3-CP 的还原与伪一级动力学模型一致。由于 Fe^0 和 Ag^0 之间的电化学作用，以及 SPS@nZVFe/Ag 由于在载体表面引入 –HSO$_3$ 基团而具有良好的亲水性，反应速度非常快，K_{obs} 为 0.684 min^{-1}。总的来说，上述结果表明 SPS@nZVFe/Ag 在氯苯酚类污染物的还原降解方面具有较高的潜在实际应用价值。

图 8　最佳反应条件下产物的高效液相色谱谱图

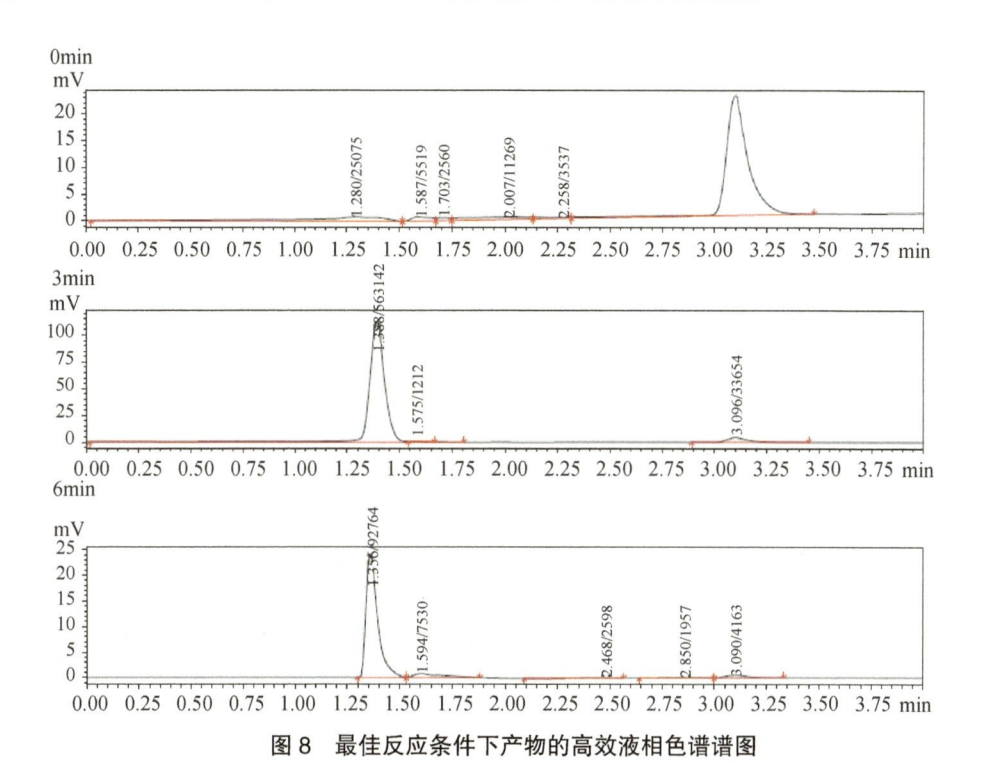

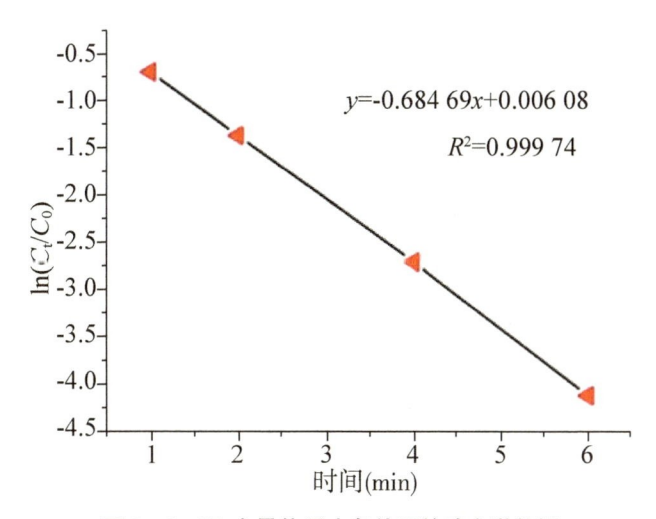

$y=-0.684\,69x+0.006\,08$

$R^2=0.999\,74$

图 9　3-CP 在最佳反应条件下的动力学数据

致谢：感谢国家自然科学基金（51508233）和江苏省水处理技术与材料协同创新中心的支持。

参考文献

Bai X, Ye Z-F, Qu Y-Z, Li Y-F, Wang Z-Y (2009) Immobilization of nanoscale FeO in and on PVA microspheres for nitrobenzene reduction. J Hazard Mater 172:1357–1364.

Choi H, Al-Abed SR, Agarwal S, Dionysios DD, Choi H (2008) Synthesis of reactive nano-Fe/Pd bimetallic system-impregnated activated carbon for the simultaneous adsorption and dechlorina- tion of PCBs. Chem Mater 20 (11) :3649–3655.

Ezzatahmadi N, Ayoko GA, Millar GJ, Speight R, Yan C, Li JH, Li SZ (2017) Clay-supported nanoscale zero-valent iron composite materials for the remediation of contaminated aqueous solutions: a review. Chem Eng J 312:336–350.

Ezzatahmadi N, Bao T, Liu HM, Xi YF (2018) Catalytic degradation of Orange II in aqueous solution using diatomite-supported bimetallic Fe/Ni nanoparticles. RSC Adv 8 (14) :7687–7696.

Fontanals N, Manesiotis P, Sherrington DC, Cormack PAG (2008) Synthesis of spherical ultra-high-surface-area monodisperse amphipathic polymer sponges in the low-micrometer size range. Adv Mater 20:1298–1302.

Gillham RW, O'Hannesin SF (1994) Enhanced degradation of halogenated aliphatics by zero-valent iron. Ground Water 32:958–967.

Hong J, Hong CK, Shim SE (2007) Synthesis of polystyrene microspheres by dispersion polymer- ization using poly (vinyl alcohol) as a steric stabilizer in aqueous alcohol media. Colloids Surf A Physicochem Eng Aspects 302:225–233.

Jang SY, Han SH (2013) Characterization of sulfonated polystyrene-block-poly (ethyl-ranpropylene) -block-polystyrene copolymer for proton exchange membranes (PEMs) . J Membr Sci 444:1–8.

Jiang ZM, Lv L, Zhang WM, Du Q, Pan BC, Yang L, Zhang QX (2011) Nitrate reduction using nanosized zero-valent iron supported by polystyrene resins: role of surface functional groups. Water Res 45:2191–2198.

Li L, Hu J, Fan M, Luo J, Wei X (2016) Nanoscale zero-valent metals: a review of synthe- sis, characterization, and applications to environmental remediation. Environ Sci Pollut Res 23:17880–17900.

Li LX, Zhang SS, Lu B, Zhu F, Cheng J, Sun ZH (2018) Nitrobenzene reduction using nanoscale zero-valent iron supported by polystyrene microspheres with different surface functional groups. Environ Sci Pollut Res 25(8):7916–7923.

Liang C-J, Lin Y-T, Shiu JW (2015) Reduction of nitrobenzene with alkaline ascorbic acid: kinetics and pathways. J Hazard Mater 302:137–143.

Liao GF, Chen J, Zeng WG, Yu CH, Yi CF, Xu ZS (2016) Facile preparation of uniform nanocom- posite spheres with loading silver nanoparticles on polystyrene-methyl acrylic acid spheres for catalytic reduction of 4-nitrophenol. J Phys Chem 120:25935–25944.

Liu WJ, Qian TT, Jiang H (2014) Bimetallic Fe nanoparticles: recent advances in synthesis and application in catalytic elimination of environmental pollutants. Chem Eng J 236:448–463.

Liu J, Zhu H, Xu FY, Zhao JZ (2017) Enhanced hydrodechlorination of 4-chlorophenol by Cu/Fe bimetallic system via ball-milling. Desalin Water Treat 64:157–164.

Lofrano G, Libralato G, Brown J (2017) Nanotechnologies for environmental remediation: appli- cations and implications. In: Nanomaterials for adsorption and heterogeneous reaction in water decontamination. Springer International Publishing AG, pp 200–201.

Merche D, Hubert J, Poleunis C, Yunus S, Bertrand P, Keyzer PD, Reniers F (2010) One step polymerization of sulfonated polystyrene films in a dielectric barrier discharge. Plasma Process Polym 7(9–10):836–845.

Noubactep C, Caré S, Crane R (2012) Nanoscale metallic iron for environmental remediation: prospects and limitations. Water Air Soil Pollut 223:1363–1382.

Park H, Park YM, Lee SH (2009) Reduction of nitrate by resin-supported nanoscale zero-valent iron. Water Sci Technol 59:2153–2157.

Parshetti GK, Doong RA (2009) Dechlorination of trichloroethylene by Ni/Fe nanoparticles immo bilized in PEG/PVDF and PEG/nylon 66 membranes. Water Res 43:3086–3094.

Stefaniuk M, Oleszczuk P, Ok YS (2016) Review on nano zerovalent iron (nZVI): from synthesis to environmental applications. Chem Eng J 287:618–632.

Yuan Y, Yuan DH, Zhang YH, Lai B (2017) Exploring the mechanism and kinetics of Fe-Cu-Ag trimetallic particles for p-nitrophenol reduction. Chemosphere 186:132–139.

Zhang QR, Du Q, Hua M, Jiao TF, Gao FM, Pan BC (2013) Sorption enhancement of lead ions from water by surface charged polystyrene-supported nano-zirconium oxide composites. Environ Sci Technol 47:6536–6544.

Zhang Z, Shen WF, Xue J, Liu YM, Liu YW, Yan PP, Liu JX, Tang JG (2018) Recent advances in synthetic methods and applications of silver nanostructures. Nanoscale Res Lett

13:1931–7573.

Zhao X, Lv L, Pan BC, Zhang WM, Zhang SJ, Zhang QX（2011）Polymer-supported nanocompos- ites for environmental application: a review. Chem Eng J 170:381–394.

Zhou SW, Xu R, He JZ, Huang YC, Cai ZJ, Xu MG, Song ZG（2018）Preparation of Fe-Cu-kaolinite for catalytic wet peroxide oxidation of 4-chlorophenol. Environ Sci Pollut Res 25（5）:4924–4933.

利用太阳能余热的流化床燃气加热器的研制

金成元（Sung Won Kim），朴汉赛（Sae Han Park）

摘要： 工业过程中大量能源和水资源消耗对环境造成了严重影响，各行业一直在寻找基于可再生能源的新系统。碳化硅颗粒直接辐照流态化气体加热器（50 mm 内径 × 100 mm 高）的高性能已在中低温废气再利用过程中得到确认。SiC 的最小流化速度（U_{mf}）为 0.005 4 m/s，其中操作太阳能接收器用于保持流化状态。气体速度约为 0.013~0.021 m/s，床温显示最大值约 200 ℃，认为在形成小气泡的最小鼓泡速度附近可获得高气体温度。随着气体速度的增加，产生的热能增加到 18 W。本研究中的最佳条件约为 0.050 m/s，经计算，能源效率为 14%。根据实验结果提出了对燃气加热器的可能改进方法。

关键词： 太阳能；蒸汽回用；流化床燃气加热器

1 引言

工业厂房中的低压废蒸汽和闪蒸汽经常被简单地排放到大气中，而不是再利用。这是一种浪费的做法，因为该部分蒸汽的排放通常意味着可用的能源和水资源损失。目前尽管提出了各种回收方法，但这些方法仍需要额外的投资和能源，而且这些方法的重点是能源回收，而不是水资源回收。为了减少过程中的水消耗，通过提高蒸汽质量来回用废蒸汽可能是一个更好的主意。由于工业过程中蒸汽生产需要消耗大量能源和水，该过程对环境造成了严重影响，所以各行业一直在寻找基于可再生能源的新系统。在所有形式的可再生能源中，太阳能作为应用在这些过程中的一种有前途的选择而备受关注（Jia et al.

2018）。工业过程太阳能热（SHIP）被认为是太阳能加热和冷却应用中最具潜力的一种应用，因为各种工业过程需要大量的热能，这使得工业部门成为太阳能热应用的一个有前途的市场。然而，SHIP 仍需要降低安装和运营成本并提高效率，才能与其他已经应用的方法竞争，如聚光太阳能技术（Ma et al. 2015）。

工艺温度从低于 250℃的中低温到高温不等。在采矿、食品、纸浆和造纸、机械和设备制造行业，低温和中温产热需求较高（Jia et al. 2018）。考虑到太阳能加热的成本、效率和温度，太阳能热可能适用于中低温过程。在 SHIP 系统中，太阳能接收器需要考虑与太阳辐照度和吸收、热损失和可靠性相关的几何形状、材料、传热流体和过程（Ho，2016）。直接加热流体有利于传热，包括最小化热损失。

太阳能接收器中固体颗粒的流化已经被提出了几十年，最早于 19 世纪 80 年代初由 Flamant（1982）提出。最近，Zhang 等（2015）证明了石英管中空气和碳化硅（SiC）颗粒之间的良好传热，其中流化颗粒由定日镜系统垂直照射，以接收更多阳光，尽管该过程存在热损失的可能性。

目前在诸如为 het 接收器开发合适的窗口以及开发在流化床接收器内保持均匀颗粒浓度和温度的固气悬浮系统（Ho，2016）等方面仍存在大量的挑战。气体加热器的性能与床中颗粒的流化行为有关。因为细颗粒很容易被带到接收器的出口，之前的研究（Flamant 1982；Zhang et al. 2015）使用粗颗粒作为床层材料来获得高质量的气体流量。然而，粗颗粒的气固接触效率和单位体积面积相对较低，这表明颗粒与气体的热传递较低，从而导致气体加热器的性能较低。

目前在这项研究中，测定了直接辐射细颗粒流化气体加热器的性能，用以中低温工艺中的排气回用并根据实验结果对燃气加热器提出了可能的改进。

2 实验过程

该系统主要由太阳能接收器和流化床气体加热器组成。太阳能接收器系统由第一日光反射镜、菲涅耳透镜、第二日光反射镜和聚焦透镜组成，如图 1 所示。透射率为 92% 的菲涅耳透镜（Edmund 光学）的有效直径为 0.457 m。薄膜型太阳镜（型号 1100，3M）的反射率为 93%。实验是在由 Pyrex 玻璃柱制成的流化床装置中进行的，如图 2 所示。它由一个主柱（50 mm 内径 ×100 mm 高）

构成。柱直径扩大到 110 mm 以减少颗粒淘析。顶面由石英板制成以获得高透明度。使用烧结板作为分布器注入空气进行流化。使用质量流量计将流化空气引入柱中。两个测压孔位于塔的入口和出口壁上，用于测量压降以获得固含率信息。5K 型热电偶用于测量入口空气温度、出口空气温度和流化床整体温度。碳化硅（F220，Showa Denko）被用作向空气传热的床层材料，平均粒径为 0.052 mm，堆积密度为 1 373 kg/m³。加载 120 g 的床料，考虑到床表面的太阳聚焦，床的静态高度为 45 mm。太阳辐射被菲涅耳透镜会聚，并以给定的气体速度定向到 SiC 颗粒的流化床中。气体速度在 0.00~0.06 m/s 之间变化。

3 结果与讨论

从工程的角度来看，最小流化速度（U_{mf}）是流化床整体行为的关键指标（Whitcombe et al.2002）。为了确定太阳能接收器中操作条件的参考气体速度，U_{mf} 是根据压降与速度图（Kunii et al. 1991）获得的，如图 2 所示。

穿过床的压降与固定床中的气体速度大致成正比，压降达到床的静压，表明为流化床。研究中 SiC 的最小流化速度为 0.005 4 m/s。随着气体速度的进一步增加，在床面上观察到第一个气泡，此时的气体速度称为最小鼓泡速度（U_{mb}），是流化床的另一个关键指标。SiC 的最小鼓泡速度为 0.011 8 m/s。从结果来看，太阳能接收器在超过 0.005 4 m/s 的气速下运行以保持流化状态。

太阳能接收器中床层和床面以上干舷温度的实时变化如图 3 所示。气体速度为 0.009 m/s，空气入口温度为 19 ℃。床温在 20 min 内升至约 145 ℃。床和干舷（出口）温度之间的差异很小。太阳能热能接收系统采用碳化硅颗粒作为传热介质，直接吸收入射的太阳辐射。床面上被加热的颗粒下降到床中心区域，并与空气接触。该受热系统将床面快速更新为受热区域，可以在流化床中实现快速加热和提高床温。但是，温度会根据天气状况而适时变化。

气体速度对太阳能热接收器系统温度的影响如图 4 所示。气体速度为 0.013~0.021 m/s 附近时，床层温度可达到约 200 ℃ 的最大值。随着气体流速的增加，温度缓慢下降。有趣的是，最高温度范围内的气体速度刚好高于 U_{mb}。在 U_{mb} 上方，流化床中的部分气体以气泡形式通过床层（Kunii et al. 1991）。由于气泡尺寸的增加，该部分气体比例随着气体速度的增加而增加。实际上，由于流化床更好的混合性能，气泡有利于固气传热。气泡中的气体对热粒子的热传递具有阻力（Kim et al. 2013）。由于气泡难以传热，所以普遍认为在形成小气

泡的 U_{mb} 速度下床体会有较高温度。气体速度对太阳能热接收器产生的热能的影响如图 5 所示。热能由公式 1 计算。

$$Q_{\text{gas}} = \rho_g \cdot V \cdot c_{pg} \cdot (T_{\text{freeboard}} - T_{g,\text{in}}) \tag{1}$$

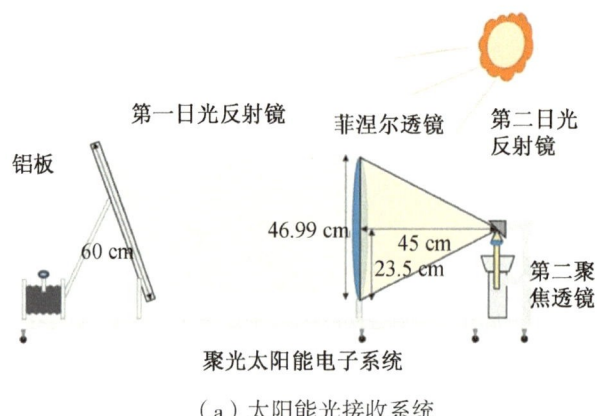

（a）太阳能光接收系统

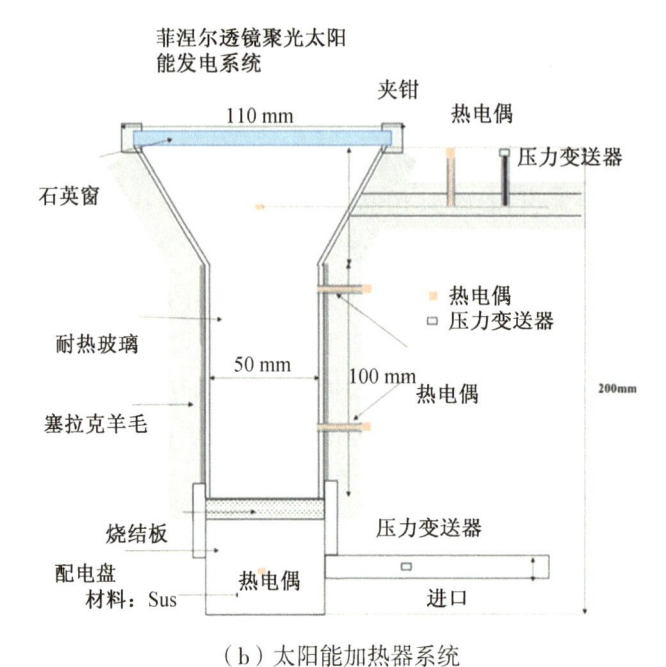

（b）太阳能加热器系统

图 1　实验装置

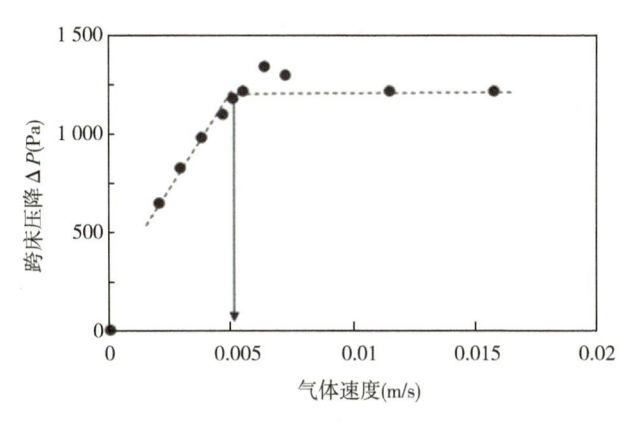

图 2　压降 – 速度图

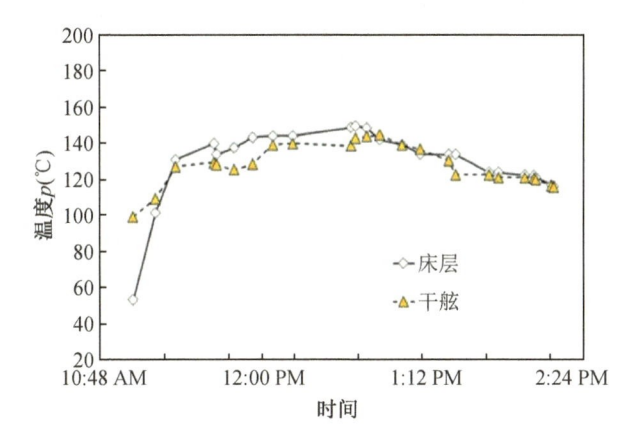

图 3　太阳能接收器温度随时间变化（$U_g = 0.009$ m/s）

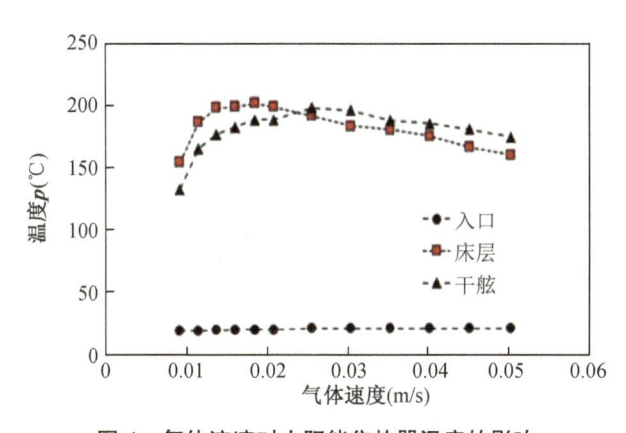

图 4　气体流速对太阳能集热器温度的影响

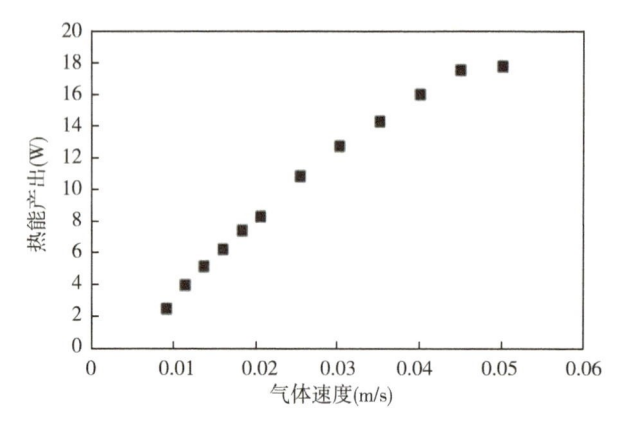

图 5 气体流速对太阳能集热器热能产生的影响

随着气体速度的增加，产生的热能增加到 18 W。虽然出口气体温度略有下降，但产生的总能量与气体质量流量成正比，表明考虑出口温度和气体质量流量，存在最佳运行条件。本研究中的最佳条件约为 0.050 m/s。然而，该系统的能源效率（大气中的热能生产/太阳能发电）计算为 14 %。

最后，研究结果表明需要进一步改进系统以提高能源效率。气体分配器、进水管等进气部位周围的系统绝缘应加强。此外，可以通过扩大光床材料接触面积并最大限度地减少光对系统的反射来提高太阳能光接收效率（Gomez-Garcia et al. 2017）。

4 结论

为了在中低温工艺中应用蒸汽，测定了直接辐照细颗粒流化床燃气加热器的性能。研究中 SiC 的 U_{mf} 为 0.005 4 m/s。太阳能接收器以超过 0.005 4 m/s 的气速运行以保持流化状态。在 0.013～0.021 m/s 的气体速度附近，床层温度显示出约 200 ℃的最大值。本文认为在形成小气泡的 U_{mb} 附近获得高气体温度。随着气体速度的增加，产生的热能增加到 18 W。本研究中的最佳条件约为 0.050 m/s。然而，该系统的能源效率计算为 14%。最后，根据实验结果提出了对燃气加热器的可能改进方法。

致谢：这项研究得到了教育部资助的韩国国家研究基金会（NRF）基础科学研究项目（NRF-2017R1D1A3B030299 17）的支持。

参考文献

Flamant G (1982) Theoretical and experimental-study of radiant-heat transfer in a solar fluidized- bed receiver. AIChE J 28:529–535.

Gomez-Garcia F, Gauthier D, Flamant G (2017) Design and performance of a multistage flu- idised bed heat exchanger for particle-receiver solar power plants with storage. Appl Energy 190:510–523.

Ho C (2016) A review of high-temperature particle receivers for concentrating solar power. Appl Therm Eng 109:958–969.

Jia T, Huang J, Li R, He P, Dai Y (2018) Status and prospect of solar heat for industrial processes in China. Renew Sustain Energy Rev 90:475–489.

Kim SW, Kim SD (2013) Heat transfer characteristics in a pressurized fluidized bed of fine particles with immersed horizontal tube bundle. Int J Heat Mass Transfer 64:269–277.

Kunii D, Levenspiel O (1991) Fluidization engineering, 2nd edn. Butterworth-Heinemann, US, pp 71–72.

Ma Z, Mehos M, Glatzmaier G, Sakadjian BB (2015) Development of a concentrating solar power system using fluidized-bed technology for thermal energy conversion and solid particles for thermal energy storage. Energy Procedia 69:1349–1359.

Whitcombe JM, Agranovski IE, Braddock RD (2002) Impact of metal ridging on the fluidization characteristics of FCC catalyst. Chem Eng Technol 25:981–987.

Zhang YN, Bai FW, Zhang XL, Wang FZ, Wang ZF (2015) Experimental study of a single quartz tube solid particle air receiver. In: International conference on concentrating solar power and chemical energy systems, Solarpaces 2014, vol 69, 600–607.

连续式电子束辐照水处理反应器水动力特性研究进展

丁瑞，谢忱，范子武，茅泽育

摘要：水污染是当今中国和世界最重要的环境议题之一，电子束辐照水处理是一种新型水处理技术，可以去除传统水处理难以降解的污染物。过去几十年来，国内外对电子束辐照水处理中反应动力学的研究较为深入，但对反应器流体力学特性和吸收剂量分布规律的研究相对薄弱，而反应器的流体力学特性和吸收剂量分布均匀性决定了辐照水处理的效率。本文对现有电子束辐照水处理反应器进行了分类、分析和对比，并对它们的优缺点进行了讨论，前人主要通过试验研究反应器形成水流的流速、深度和平均吸收剂量，指出了目前反应器研究都没有考虑水流细部的流体力学特性及其吸收剂量分布均匀性的影响等问题。本文提出了电子束辐照水处理反应器进一步的研究方向，采用计算流体力学与蒙特卡罗法模拟粒子输运相结合的方法，研究反应器水流流速、厚度和雾化水流密度分布等流体力学特性与吸收剂量分布规律，并据此优化反应器。

关键词：电子束辐照水处理；水处理反应器；水动力学特性；吸收剂量；计算流体力学；蒙特卡罗方法

1 简介

水污染是中国乃至世界最重要的环境问题之一（Han et al. 2016；Wang. Q

et al. 2016）。电子束辐照水处理作为一种新的水处理技术，为去除传统水处理技术无法降解的污染物提供了一种新途径（Wang. J et al. 2016）。水体接受电子束辐照的瞬间发生化学反应产生活性粒子，这些活性粒子与污水中的各种污染物发生化学反应，达到净化污水的目的。电子束辐照水处理具有诸多优点：可以有效杀死废水中的病菌、氧化有毒有害有机污染物、消除污水的臭味，辐照后可以提高污染物的脱水性和可生物降解性等（Wang, 2007; Abdou, 2011）。

在过去的几十年里，已经进行了大量的研究来探索电子束辐照对水中不同种类污染物的生物和化学作用（Getoff, 2002; Skowron et al. 2014; Lee et al. 2012），但是电子束辐照水处理中流动反应器的行为受到的关注相对较少（Mahendra et al. 2010, 2011; Ding, 2017）。

能进行水处理反应的单元构筑物、设备和容器在水处理工程中称为水处理反应器。水处理反应器涉及反应和传质两个基本领域，目前国内外对水处理中生物或化学反应动力学的研究相对较为深入，但对水处理中的流体力学和传质的研究较为薄弱。流体是水处理反应器中物质和能量传递的主要载体，反应器的水动力学特性直接影响反应器中的混合过程，制约着反应器的处理效果。

电子束辐照处理污水过程中，水流通过反应器接受电子束辐照。水流接受辐照时的水动力学特性与电子束本身的特性都均显著地影响着电子束辐照水处理的效率。因此，需要对电子束辐照水处理反应器的水动力学特性进行系统的研究，这对实际的水处理工程有着现实的科学指导意义。

本文对现有的各种类型电子束辐照水处理反应器进行了分析和对比，并对它们的优缺点进行了讨论，提出了电子束辐照水处理反应器进一步的研究方向。

2 不同种类反应器的特点

为处理不同类型的污水及达到不同的处理效果，研究者们提出了一些不同类型的电子束辐照水处理反应器。根据反应器不同的水流流动方式，可将电子束辐照水处理反应器分为瀑布式、喷雾式、射流式和上流式等四种类型，如图1至图4所示，四种类型反应器的简要特征如表1所示。

瀑布式反应器如图1所示（Kurucz, 1995），污水经过反应器形成自然下落的薄层水流，垂直下落的水流接受右侧电子束的辐照，从而达到辐照水处理的目的。瀑布式反应器比较适合于黏性较大的流体（如污水污泥）。

喷雾式反应器如图2所示，该反应器将污水与臭氧混合，以雾化水流的形式水平喷出接受来自上方电子束的辐照（Pikaev，1997），利用电子束与臭氧处理的协同效应减小了吸收剂量的要求，降低了水处理的费用，该类型反应器将污水与臭氧混合从喷雾器中喷出。

射流式反应器如图3所示（Chmielewski，2009），污水从反应器中水平射出，形成薄层水流，接受来自上方电子束的辐照。射流式反应器形成的水流与瀑布式反应器形成的水流非常相似。

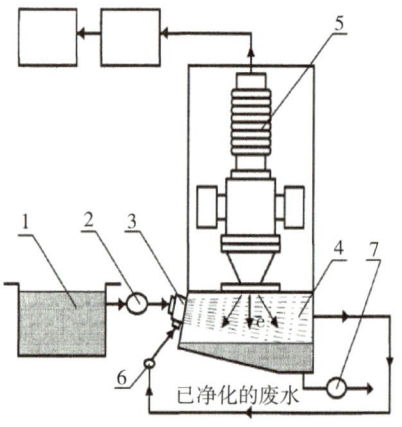

1—污水进水池；2—污水输送电动泵组；3—产生气雾剂的喷雾器单元（包含四个喷雾器）；4—辐照室；5—电子加速器；6—是涡轮鼓风机；7—用于净化废水的电动泵机组。

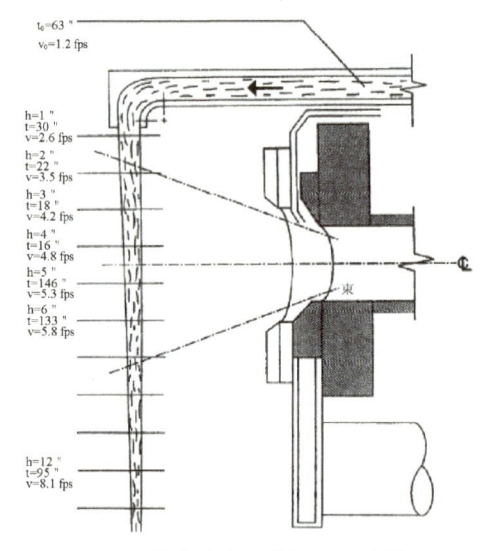

图1　瀑布式电子束辐照反应器　　图2　喷雾式电子束辐照反应器

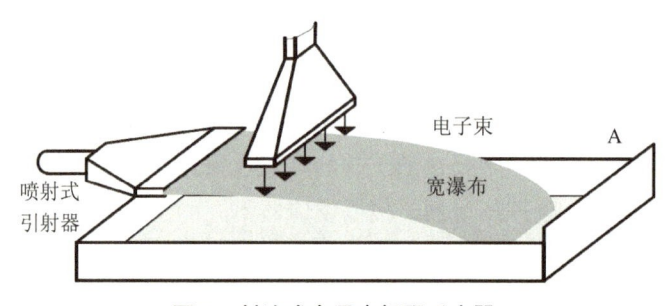

图3　射流式电子束辐照反应器

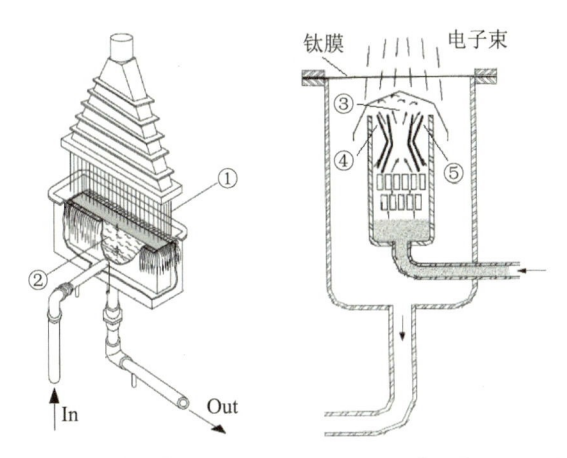

①—是电子束；②—是向上的水；③—是反应器中间的水；④、⑤—是反应器侧壁附近的水。

图 4　上流式电子束辐照反应器

上流式反应器如图 4 所示（Rela，2000；Duarte，2002），污水经反应器由下往上流动，接受来自上方电子束辐照后，水流从反应器侧壁上边缘溢出。上流式反应器上方有一层钛膜，反应器封闭性较好，辐照过程中污水中的有毒有害物质不会挥发进入外界空气中（Rela，2000）。

表 1　四种不同类型反应器的介绍与对比

反应器类型	瀑布式	喷雾式	射流式	上流式
研究国家	美国	俄罗斯	俄罗斯、韩国	巴西
主要研究者	Cleland, Kurucz, Cooper, Cleland 等	Gehringer, Pikaev, Podzorova 等	Han 等	Duarte, Sampa 等
研究对象	市政污水污泥，有毒有害污染废水	市政污水	印染废水	生活废水、工业废水、饮用水
处理方式	电子束	电子束+臭氧	电子束+生物处理	电子束
束流能量，功率	1.5 MeV，75 kW	0.3 MeV，15 kW	1 MeV，400 kW	1.5 MeV，60 kW
水力特性（水流流速，水流厚度，水流雾化等）	辐照处水流厚度 3.8 mm、流速 1.6 m/s，沿宽度方向水流厚度差小于 10%；允许流量范围 230~610 L/min	雾化水流的厚度 9 cm、密度 0.02~0.05 g/cm³，液滴直径 50~180 μm，流速 9.65 m/s	射出水流为薄层水流，水流宽度 1.5 m，水流流速 3~4 m/s	—

续表

反应器类型	瀑布式	喷雾式	射流式	上流式
吸收剂量	量热法测量平均吸收剂量，能量转化率为65%	利用三乙酸纤维素酯薄膜剂量计测量吸收剂量	利用重铬酸盐剂量计测量反应器水流的平均吸收剂量	量热法测量平均吸收剂量，最大能量转化率为76%
所需剂量（kGy）	4	1.3	1~2	2
处理量（m³/d）	654	500	10 000	1 680
处理费用（美元/m³）	2	无	0.3	1.2
主要优点	产生的薄层水流符合电子束穿透深度小的特点，水流自由下落比较适合处理污泥	电子束与臭氧联用，减少污水处理所需的吸收剂量，降低辐照水处理的费用	处理量较大；采用水泵方便控制水流流速；电子束与生物处理联用，水处理效率较高	处理量大，封闭性好，电子束能量转化率高
主要缺点	流量超过610 L/min，水流会溅到电子加速器上，处理量较小	处理量较小，缺乏对喷雾形成的雾化水流水动力学特性的研究	对反应器内部水流和射出水流的水动力学特性缺乏系统的研究	水流在电子束下停留时间分布不均匀，容易引起吸收剂量分布不均匀

3　水流吸收剂量

电子束辐照物质时，部分能量沉积在物质中并被物质吸收，是造成接受辐照物体产生生物或化学效应的主要原因，被物质吸收的这部分能量称为吸收剂量（Wang，2007）。吸收剂量定义为单位质量物质吸收电子束能量的多少，即

$$D = dE / dm \tag{1}$$

式中：D为吸收剂量，单位Gy，1 Gy=1 J/kg；E为电子束给予物质的能量，单位为焦耳（J）；m为物质的质量，单位为kg。

电子束辐照水处理反应器的处理效率主要取决于水流吸收剂量分布的均匀性，水流吸收剂量分布越均匀，辐照水处理的效率越高。

吸收剂量D与电子能量沉积D_e之间的关系可以表达如下（Cleland，2002）：

$$D = 6.0 D_e I t / A \tag{2}$$

其中，D 为吸收剂量，D_e 为每个电子在单位表面密度上的能量沉积，单位为 MeV/(g/cm²)；I 为电子束流强度，单位为 mA；t 为物质接受辐照的时间，单位为 min；A 为接受辐照材料的面积，单位为 m²。

电子束流强度分布基本均匀，电子束垂直照射厚度与密度分布均匀的物质时，沿水平方向电子束在物质中的能量沉积分布基本均匀，沿垂向（深度方向）能量沉积分布如图 5 所示（Kurucz，1995），图中的穿透深度为质量深度（单位 g/cm²）（IAEA，2011）。当某一深度的吸收剂量等于物质表面吸收剂量时，即认为该深度为最佳穿透深度。利用电子束辐照物质时，最理想状态是使接受辐照物质的厚度等于最佳穿透深度，这样辐照处理效率最高。从图 5 中可以看出，电子能量沉积与电子能量大小 E、电子穿透深度 h、物质密度 ρ 有关，即

$$D_e = D_e(E, h, \rho) \qquad (3)$$

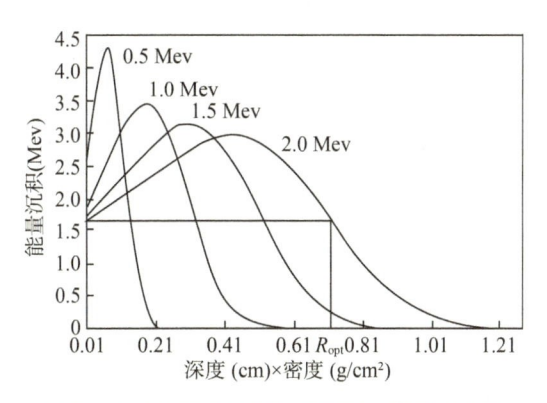

图 5　水中电子能量沉积与深度、密度的关系

式（2）是针对受辐照物为厚度与密度均匀分布的固体。对于运动的水体，由于流体运动的复杂性，需以水流微元为对象研究其运动规律及吸收剂量。水流微元接受电子束辐照示意图如图 6 所示，水流微元是由流体质点组成的流体微团，具有一定的体积与质量。若水流微元足够小，则可以假设在运动过程中不发生显著变形与旋转，仅发生平移运动。下面研究水体中水流微元的运动规律，并计算其吸收剂量；研究足够数量的水流微元运动规律及吸收剂量，从而得到水流的吸收剂量分布规律。

对于电子束辐照水处理反应器而言，水流微元除沿 x 方向运动外，还可能存在 y 方向的流速，导致水流微元的水深 h 随时间而变。此外，喷雾式反应器形成的雾化水流会引起水流微元密度随时间而变化，而电子在物质中的能量沉

积与穿透深度、密度有关。因此电子在水流微元中的能量沉积会随时间而变。

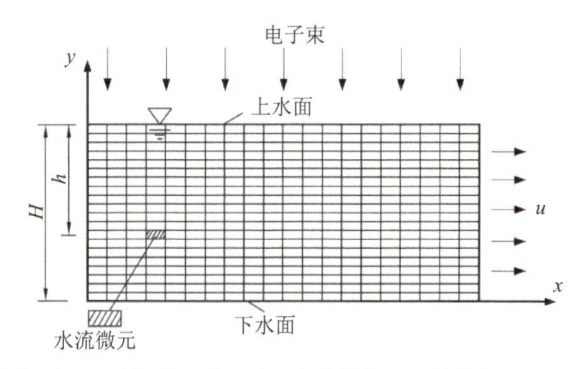

图 6　水流接受电子束辐照示意图（h 为流体微元处的水深，H 为水流厚度）

根据式（2）和式（3），水流微元的吸收剂量可以表达为

$$D = \int_0^t 6.0 D_e \frac{I}{A} \mathrm{d}t = \int_0^t 6.0 D_e(E,h,\rho) \frac{I}{A} \mathrm{d}t \tag{4}$$

电子加速器产生的电子束流强度 I 的分布一般可以认为是基本均匀的，电子束流中所有电子能量 E 基本相等，水流微元面积 A 也相等。因此，式（4）可简化为

$$D = \int_0^t 6.0 D_e(E,h,\rho) \frac{I}{A} \mathrm{d}t = 6.0 \frac{I}{A} \int_0^t D_e(E,h,\rho) \mathrm{d}t \tag{5}$$

根据式（5）可知，水流微元的吸收剂量主要取决于水流微元的水深 h、水流密度 ρ 和水流微元在电子束下的停留时间 t。水流微元在电子束下的停留时间主要取决于水流速度。因此，反应器水流吸收剂量分布均匀性主要取决于水流流速分布、水流厚度（深度）分布与水流密度分布。显然，为提高水流吸收剂量分布均匀性，从而提高反应器的处理效率，需要系统研究反应器水流流速分布、水流厚度（深度）分布和水流密度分布等水动力学特性。

4　反应器的水动力学特性

瀑布式和射流式电子束辐照反应器的水动力学特性非常相似，都为厚度小、宽度大且流速快的薄层水流，符合电子束穿透深度小的特点。瀑布式反应器水流厚度 0.38 cm、流速 1.6 m/s，沿宽度方向水流厚度差小于 10%。然而，当瀑布式反应器流量超过 610 L/min 时，水流就会溅到电子加速器扫描盒上（Kurucz，

1995），从而限制了瀑布式电子束辐照水处理反应器的处理量。该现象说明水流在自然下落的过程中，除了有垂直向下的流速外，还有水平方向的流速分量，引起部分水体沿水平方向运动，从而溅到加速器扫描盒上。因此，需要系统研究瀑布式反应器的水动力学特性，从而优化反应器。

射流式电子束辐照反应器会形成细而宽的射流。反应器的处理量可达10 000 m^3/d，射流宽度约 1.5 m，流速约 3 m/s（Han, 2002, 2005, 2012）。本文通过流体动力学方法优化了射流式电子束辐照反应器的配置（Ding, 2017）。从模拟结果中得到了影响电子束辐照反应器水动力学特性的三个关键配置参数，即反应器入口流速、水平收缩部分的长度、弯曲部分配置的改进。反应器入口流速为 0.76 m/s，水平收缩部分长度为 0.45 m，弯曲部分的配置应沿流速方向为最佳反应器配置参数。优化后反应器的水动力学特性大大改善，开发了处理量为 2 000 m^3/d 的射流式电子束辐照反应器。

对于喷雾式反应器，污水从喷雾器中喷出后，水流发生雾化，且沿水流运动方向，水流雾化程度逐渐增加，导致水流厚度逐渐变大、水流密度逐渐减小。电子束流动的速度和厚度分布对电子束处理效率的吸收剂量分布有着显著影响。然而，目前关于雾化水流的速度和厚度分布的研究很少，有待进一步开展研究。

从图 4 中可以看出，上流式反应器水流由反应器底部往上逐渐涌出接受上方电子束辐照，反应器中间部分水流在电子束下停留时间较长，而反应器侧壁附近的水流在电子束下停留时间较短，容易引起反应器中水流吸收剂量分布的不均匀，从而影响辐照水处理的效率。停留时间分布主要由反应器构型与水流流速分布决定，因此需要对反应器中水流流速分布等水动力学特性进行研究，研究水流在电子束下停留时间分布与吸收剂量分布规律，从而提高反应器的处理效率。

5 电子束辐照反应器的研究前景

由以上分析可见，电子束辐照水处理反应器的研究重点应该是反应器水流吸收剂量分布规律，并以水流吸收剂量分布均匀为目标，优化反应器，提高电子束辐照水处理的效率。吸收剂量分布规律研究涉及流体力学、电子束在物质中能量沉积等领域，属于交叉学科，目前对电子束辐照水处理反应器水动力学特性的研究较少且不系统。已有的研究大多采用试验方法简单测量水流的流速与厚度，缺少对水流流速分布特征的研究，而水流流速分布对水流微元在电子束下停留时间分布起着至关重要的作用。

对于反应器水流吸收剂量的研究，之前的研究者通常利用量热法或剂量计测量水流的平均吸收剂量，缺少对吸收剂量分布的研究。反应器中水体为连续流动的流体，很难通过试验的方法得到水流吸收剂量的分布规律。

近些年来，随着计算机及计算技术的迅速发展，计算流体力学得到了快速的发展，在氧化沟、流化床、膜生物反应器、紫外灯消毒等水处理反应器研究中得到了广泛应用，很多研究者采用计算流体力学方法研究不同类型反应器的水动力学特性，并据此优化反应器，以提高反应器的处理效率（Wols，2011）。然而，在电子束辐照水处理反应器方面，至今尚没有相关研究成果报道。本文作者认为应采用计算流体力学的方法研究反应器水流的流速分布、厚度（深度）分布与雾化水流的密度分布等水动力学特性。

另一方面，随着计算机的快速发展，蒙特卡罗方法在粒子输运和粒子能量沉积计算方面也得到了广泛的应用。在电子束辐照医疗用品与食品吸收剂量分布均匀性问题上（Andreo，2018），已有大量研究采用蒙特卡罗方法（Kim，2007）。然而在电子束辐照水处理方面，尚没有相关的研究。运用蒙特卡罗方法可以较为方便且准确地计算电子束在水中的吸收剂量分布，因此可采用蒙特卡罗方法研究反应器水流的吸收剂量分布规律。

5.1 瀑布式和射流式反应器

射流式反应器产生的水流与瀑布式反应器产生的水流两者非常相似，都为厚度小、宽度大且流速快的薄层水流。利用电子束辐照物质时，应使接受辐照物质的厚度等于最佳穿透深度 R_{opt}，从而提高辐照处理的效率。因此电子束下的薄层水流厚度应均匀分布，且水流厚度等于最佳穿透深度 R_{opt}。

对于厚度均匀分布的水流，电子在水流微元中的能量沉积 $D_e(E,h,\rho)$ 沿深度方向的分布如图 5 所示，电子能量沉积 $D_e(E,h,\rho)$ 沿水流运动方向和宽度方向分布均匀。水流沿 y 方向（厚度或深度方向）的流速非常小，可以忽略水流微元沿厚度（深度）方向的运动。因此，在水流流动过程中，由于水流微元所处的水深 h 相同，电子在水流微元中的能量沉积 $D_e(E,h,\rho)$ 保持不变，式（5）的水流微元吸收剂量可以表达为

$$D = 6.0 \frac{I}{A} \int_0^t D_e(E,h,\rho) \, dt = 6.0 \frac{I}{A} D_e(E,h,\rho) \cdot t \qquad (6)$$

根据式（6），为使得沿水流运动方向和宽度方向水流吸收剂量分布均匀，除应满足水流厚度分布均匀，还应满足水流微元在电子束下的停留时间 t 相等，即电子束下水流流速分布均匀，沿水流运动方向水流流速相等，沿水流宽度方向水流流速为零。因此，应系统研究瀑布式与射流式反应器水流的流速与厚度分布等水动力学特性，以电子束下水流流速与厚度分布均匀为水动力目标，完善和优化反应器，使反应器水流吸收剂量分布均匀，以提高电子束辐照水处理器的效率。

在水处理反应器水动力学特性研究与优化方面，计算流体力学是一种非常有效的方法。运用计算流体力学方法研究与优化瀑布式或射流式反应器应包含以下过程：（1）根据前人研究成果和水动力优化目标（电子束下水流流速与厚度分布均匀），设计反应器外形与尺寸，并据此建立反应器水动力数值模型；（2）数值计算，并根据数值计算结果分析反应器的流场，研究反应器水动力学特性；（3）根据流场分析结果和反应器水动力优化目标，优化反应器的结构和尺寸；（4）针对优化后的反应器建立三维水动力数值模型；（5）不断重复步骤（2）至（4）直到得到满足水动力优化目标的反应器。

本文作者已经通过计算流体动力学方法优化了射流式电子束辐照反应器的配置（Ding，2017），大大改善了反应器的流体动力学特性。但反应器水流的吸收剂量分布规律尚未研究，这直接决定了电子束辐照的处理效率。

5.2 喷雾式反应器

对于喷雾式反应器，污水从喷雾器中喷出后，水流发生雾化，且沿水流运动方向，水流雾化程度逐渐增加，导致水流厚度逐渐变大、水流密度逐渐减小。而电子束在水中的能量沉积与水流厚度 h 和水流密度 ρ 有关。因此，雾化水流厚度与密度的沿程变化将导致电子束在水中的能量沉积分布的改变，从而改变水流吸收剂量的分布规律。

系统研究雾化水流的水动力学特性，可建立气液两相流数值模型，研究雾化水流流速、厚度和密度的沿程分布规律。根据水动力学特性的研究结果，运用蒙特卡罗的方法计算雾化水流吸收剂量的分布规律，并以水流吸收剂量分布均匀为目标，优化喷雾式反应器，提高其处理效率。

5.3 上流式反应器

上流式反应器如图 4 所示，水流深度较深，在深度方向上电子束的能量几乎都沉积在水中，因此电子束在水中的能量转化效率高，Rela 利用量热法也验证了这一结果（Rela，2000）。然而，上流式反应器中间部分的水流在电子束下的停留时间较长，而靠近反应器侧壁的水流在电子束下的停留时间较短，容易引起反应器中水流吸收剂量分布的不均匀。

对于上流式反应器，水流微元沿水平方向和垂直方向都有流速，因此水流微元运动过程中水深会发生变化，电子在水流微元中的能量沉积随水深的变化而变化。此外，反应器中间部分水流与侧壁附近水流在电子束下的停留时间不同，即不同水流微元在电子束下的停留时间 t 不同。因此，由式（5）可知，水流吸收剂量分布与水流微元的运动轨迹紧密相关。

应采用计算流体力学与蒙特卡罗法模拟粒子输运相结合的方法研究上流式反应器水流的吸收剂量分布规律。运用流体力学中拉格朗日方法追踪足够数量的水流微元，记录水流微元的运动轨迹，得到水流微元运动过程中的水深与流速。已知水流微元运动过程中的水深，运用蒙特卡罗方法可以得到电子在水流微元中的能量沉积；已知水流微元运动轨迹和流速，可以得到水流微元在电子束下的停留时间；再通过式（5）可以得到水流微元的吸收剂量。通过研究足够数量的水流微元，即可得到水流的吸收剂量分布。

6 结论

本文对不同种类的电子束辐照水处理反应器进行了分类和介绍，并从流体力学和水流吸收剂量的角度分析四种反应器的优缺点，指出目前缺乏对反应器水流流速分布、厚度（深度）分布、雾化水流密度分布等水动力学特性的系统研究。针对不同类型的反应器，提出了进一步的研究方向。

瀑布式与射流式反应器水动力研究主要关注反应器产生的薄层水流流速与厚度分布，采用计算流体力学的方法优化反应器；喷雾式反应器的研究重点是雾化水流流速、水流厚度和水流密度分布，以及雾化水流厚度与密度变化对吸收剂量分布的影响；上流式反应器的研究应关注复杂水动力条件下，运用拉格朗日法追踪流体质点运动轨迹，将计算流体力学与蒙特卡罗法模拟粒子输运相结合，计算水流吸收剂量分布，并据此优化反应器。

参考文献

Abdou L A.W., et al. Comparative study between the efficiency of electron beam and gamma irradiation for treatment of dye solutions[J]. Chemical Engineering Journal, 2011. 168（2）: 752-758.

Andreo P. Monte Carlo simulations in radiotherapy dosimetry[J]. Radiation Oncology, 2018, 13（1）:121.

Angeloudis A, Stoesser T, Falconer R A. Predicting the disinfection efficiency range in chlorine contact tanks through a CFD-based approach [J]. Water research, 2014, 60: 118-129.

Boyjoo Y, Ang M, Pareek V. Some aspects of photocatalytic reactor modeling using computational fluid dynamics [J]. Chemical Engineering Science, 2013, 101: 764-784.

Chmielewski, A. G. Electron Beam Processing – What are the Limits [C]. International Topical Meeting on Nuclear Research Applications and Utilization of Accelerators. 2009.

Cleland M.R., Fernald R.A., Maloof S.R. 1984. Electron beam process for the treatment of wastes and economic feasibility of the process. Radiat. Phys. Chem., 24, 179.

Cleland M, Galloway R, Genin F, et al. The use of dose and charge distributions in electron beam processing [J]. Radiation Physics and Chemistry, 2002, 63（3）: 729-733.

Devia-Orjuela J S, Betancourt-Buitrago L A, Machuca-Martinez F. CFD modeling of a UV-A LED baffled flat-plate photoreactor for environment applications: a mining wastewater case[J]. Environmental Science & Pollution Research International, 2018.

Ding R, Mao Z, Wang J. CFD simulation and optimization of the water treatment reactor by electron beam [J]. China Environment Science, 2017, 37（3）:980-988

Duarte C L, Sampa M H O, Rela P R, et al. Advanced oxidation process by electron-beam-irradiation-induced decomposition of pollutants in industrial effluents[J]. Radiation Physics & Chemistry, 2002, 63（3）:647-651.

Gehringer P, Eschweiler H, Fiedler H. Ozone-electron beam treatment for groundwater remediation [J]. Radiation Physics & Chemistry, 1995, 46（4）:1075-1078.

Getoff N. Factors influencing the efficiency of radiation-induced degradation of water pollutants [J]. Radiation Physics & Chemistry, 2002, 65（4-5）:437-446.

Han, B., Kim, D.K., Pikaev, A.K. Research activities of Samsung Heavy Industries in the conservation of the environment. In: Radiation Technology for the Conservation of the Environment, Proceedings of the Symposium held in Zakopane, Poland, 8-12 September 1997,

IAEA, Vienna, pp. 339–347.

Han B, Ko J, Kim J, et al. Combined electron-beam and biological treatment of dyeing complex wastewater. Pilot plant experiments [J]. Radiation Physics & Chemistry, 2002, 64 (1):53–59.

Han B, Kim J, Kim Y, et al. Electron beam treatment of textile dyeing wastewater: operation of pilot plant and industrial plant construction [J]. Water Science & Technology, 2005, 52(10–11): 317–324.

Han B, Jin K K, Kim Y, et al. Operation of industrial-scale electron beam wastewater treatment plant [J]. Radiation Physics & Chemistry, 2012, 81 (81):1475–1478.

Han, D., M.J. Currell and G. Cao, Deep challenges for China's war on water pollution[J]. Environmental Pollution, 2016. 218: 1222–1233.

Industrial Radiation Processing with Electron Beams and X-rays. May 1, 2011, Revision 6 (Int. Atomic Energy Agency, 2011).

Jan S, Kamili A N, Parween T, et al. Feasibility of radiation technology for wastewater treatment[J]. Desalination and Water Treatment, 2015, 55 (8): 2053–2068.

Kim, J., et al., 3-D dose distributions for optimum radiation treatment planning of complex foods. Journal of Food Engineering, 2007. 79 (1): 312–321.

Kurucz, C N, Waite T D, Cooper W J. The Miami Electron Beam Research Facility: a large scale wastewater treatment application [J]. Radiation Physics & Chemistry, 1995, 45 (2):299–308.

Lee, O., et al. A comparative study of disinfection efficiency and regrowth control of microorganism in secondary wastewater effluent using UV, ozone, and ionizing irradiation process[J]. Journal of Hazardous Materials, 2015. 295: 201–208.

Mahendra A K, Sashi K G N, Sanyal A, et al. Design Optimization of Sludge Hygenization Research Irradiator[J]. International Journal of Emerging Multidisciplinary Fluid Sciences, 2010, 2 (1):59–71.

Mahendra A K, Sanyal A, Gouthaman G. Simulation and optimization of sludge hygienization research irradiator[J]. Computers & Fluids, 2011, 46 (1):333–340.

Podzorova E A, Pikaev A K, Belyshev V A, et al. New data of electron-beam treatment of municipal wastewater in the aerosol flow [J]. Radiation Physics & Chemistry, 1998, 52 (52):361–364.

Pikaev, A.K., Podzorova, E.A., Bakhtin, O.A., 1997e. Combined electron-beam and ozone treatment of wastewater in the aerosol flow. Radiat. Phys. Chem. 49 (1): 155–157.

Pikaev, A. K. Current status of the application of ionizing radiation to environmental protection: Ⅲ. Sewage sludge, gaseous and solid systems (A review) [J]. High Energy Chemistry, 2000, 34 (3):129-140.

Pikaev, A.K., Podrozova, E.A, Bakhtin, O.M., Lysenko, S.L., Belyshev, V.A., 2001. Electron beam technology for purification of municipal wastewater in the aerosol flow. IAEA-TECDOC-1225, IAEA, Vienna, Austria, 45–55.

Pikaev, A K. New data on electron-beam purification of wastewater [J]. Radiation Physics & Chemistry, 2002, 65 (65):515-526.

Rela P R, Sampa M H O, Duarte C L, et al. Development of an up-flow irradiation device for electron beam wastewater treatment [J]. Radiation Physics & Chemistry, 2000, 57(3):657-660.

Sampa, M. H. O.; Somessari, E. S.; Lug O, A. B. The use of electron beam accelerator for the treatment of drinking water and wastewater in Brazil. Radiation Physics and Chemistry, 1995, 46 (4-6), 1143-1146.

Skowron K, Paluszak Z, Olszewska H, et al. Effectiveness of high energy electron beam against spore forming bacteria and viruses in slurry[J]. Radiation Physics & Chemistry, 2014, 101 (31):36-40.

Sozzi D A, Taghipour F. UV reactor performance modeling by Eulerian and Lagrangian methods [J]. Environmental science & technology, 2006, 40 (5) : 1609-1615.

Spinks J W T, Woods R J. An introduction to radiation chemistry [J]. Radiation Research, 1990, 124 (3):403-408.

Trump, J.; Merill, E.; Wright, K. 1984. Disinfection of Sewage Wastewater and Sludge by Electron Treatment, Radiation Physics and Chemistry, 24, 55.

Waite, T.; Kurucz, C.; Cooper, W.; Narbaitz, R.; Greenfield, J. 1989. Disinfection of Wastewater Effluents with Electron Radiation. Proceedings of the 1989 Specialty Conference on Environmental Engineering, ASCE, 619.

Wang J, Wang J. Application of radiation technology to sewage sludge processing: A review [J]. Journal of Hazardous Materials, 2007, 143 (s 1–2):2-7.

Wang J, Chu L. Irradiation treatment of pharmaceutical and personal care products (PPCPs) in water and wastewater: An overview[J]. Radiation Physics and Chemistry, 2016, 125: 56-64.

Wang, Q. and Z. Yang. Industrial water pollution, water environment treatment, and health risks in China[J]. Environmental Pollution, 2016. 218: 358-365.

Wols, B.A., et al., A systematic approach for the design of UV reactors using computational fluid dynamics. American Institute of Chemical Engineers. AIChE Journal, 2011. 57 (1) : 193.

选定建筑结构的环境影响

阿德里亚娜（Adriana），阿莱娜·保利科娃（Alena Paulikova），伊娃·辛戈夫斯卡（Eva Singovszka）

摘要： 建筑材料的环境影响评价具有重要意义，可以减少建筑行业对环境的负面影响。本文对以砖、加气混凝土和钢筋混凝土为核心墙体材料的竖向结构进行了环境影响评价研究。考虑了两种类型的保温材料，墙体材料的组成设计是为了确保结构的热工性能相同。对于每种材料组成，笔者计算了每 1 m² 结构的以下环境指标：一次能源（PEI）、全球变暖潜势（GWP）和酸化潜势（AP）。计算基于选定的生命周期分析（LCA）数据库的单元数据。当需考虑墙体的物理参数时，应用多准则分析来确定最合适的组合。研究结果显示，石墨聚苯乙烯加气混凝土为最环保的墙体材料。

关键词： 建筑环境影响评估；GWP（全球变暖趋势）

1 引言

建筑行业的建材、工艺和技术的环境影响评价正成为有效减少建筑行业对环境负面影响的不可或缺的工具。

对建筑环境影响评估的研究已经进行了很长一段时间（Asif et al. 2007；Abanda et al. 2014；Mitterpach et al. 2016；Keun et al. 2015；Pujadas-Gispert et al. 2018），然而，即使评估方法都基于 LCA 方法，但是仍未有完全统一的定论。各种方法提供了按不同类别分类的各种结论。在建筑研究中，建筑和材料的能源需求、全球变暖潜势（GWP）和酸化潜势（AP）仍然是最受关注的问题。

Sartori 和 Hestnes（2007）研究发现，对于低能耗建筑，材料中包含的能量占建筑整个使用寿命能耗的 9%~46%。研究结果显示，通过选择具有环保性能的建筑材料，可以减少建筑或特定建筑对环境的负荷（Estokova et al. 2015）。Thormark 研究结果显示，通过适当选择对环境影响小的建筑材料，传统建筑中的隐含能耗可以减少约 10%~15%（2006）。

本文旨在比较不同组成的垂直结构，以便在保持所用材料的功能性能和热性能不变情况下找到环境最优组合。

2 材料与方法

2.1 垂直结构

本文研究了三种承重材料的垂直结构：A 型代表砖墙，B 型代表加气混凝土，C 型代表钢筋混凝土砌块。根据在家庭住宅建设中单种建筑材料的使用频率，从个别承重材料中选择了一些变体。A 型涉及 96 个墙型，B 型 52 个，C 型只有 8 个。所有结构均采用膨胀聚苯乙烯板（EPS）或矿物绝缘，同时研究了不同厚度芯材和绝缘体的组合。其主要目的是比较具有相同热性能的结构，其热性能由传热系数的值表示。分析结构的整体厚度不同，结构的所有其他部件设计相同，包括内部和外部石膏。

2.2 环境评估

环境分析的功能单元设置为单位面积（1 m²）相同热性能的结构。计算了垂直结构各物质组成的一次能源（PEI）、全球变暖潜势（GWP）和酸化潜势（AP）等环境指标。使用 MS Excel 中一个简单的计算工具将单个建筑材料的 LCA 单位值乘以其质量进行计算［式（1）至式（3）］。材料的 LCA 单位值取自 IBO 数据库（Waltjen et al. 2009）。同时考虑了 EPD 评估中的强制性边界（ISO EN 15804：2012+Al：2013），考虑了 100 年时间跨度的数据，计算分析建筑材料的全球变暖潜势。

$$PEI = m_i \cdot PEI_i \qquad (1)$$

$$GWP = m_i \cdot GWP_i \qquad (2)$$

$$AP = m_i \cdot AP_i \qquad (3)$$

其中，m_i 是单个建筑材料的重量，PEI_i、GWP_i 和 AP_i 分别代表每 1 kg 该材料的一次能源、全球变暖潜势和酸化潜势。结构的 PEI 以 MJ/m² 为单位，GWP 以 kg CO₂eq/m² 为单位，AP 指标以 kg SO₂eq/m² 为单位。

2.3 多标准评价

将环境参数（PEI、GWP、AP），以及技术参数（层数、厚度、重量和内部表面温度）的多标准分析用于确定单个建筑的材料替代品顺序。

将加权和法（WSA）作为 MCA7 软件的一部分，来选择最优墙体组合方案。加权和法是基于对评价者的想法效果最大化原则的。该方法基于效用的线性函数，范围从 0 到 1，最差的变量值为 0，最好的变量值为 1，其他变量都在这个区间内（Korviny, 2010），获得最高效用价值的替代方案被确定为最佳方案。其他墙体的方案是根据效用的递减来排列的。

本文对分析参数的权重设置采用主观加权法，加权确定采用 Fuller 三角形配对比较法。当使用 Fuller 三角形计算权重时，通过创建一对标准对单个标准进行排序，每对标准只在集合中出现一次。然后，研究人员在每组中对他们认为重要的标准进行打分。因为该方法允许对单个标准划分 100% 的权重，不必同时考虑所有参数而使得计算变得简单。根据式（4）（Linkov et al. 2012）计算各指标的权重。

$$V_i = \frac{n_i}{N} \qquad (4)$$

其中，n_i 表示给定标准的重要标记数量，N 表示标记总数。

四种不同的方案被考虑用于垂直结构的多标准分析。作者根据主观考虑选择了具体的权重值。

MV1 型仅将技术参数纳入分析，根本没有考虑环境标准。结构的厚度是最重要的，其次是重量、材料层数和内表面温度。这种方法代表了对墙体备选方案的常规评估。

MV2 型只考虑环境参数，没有考虑热参数和物理参数。在该方案中，PEI 被认为是最重要的，其次是 GWP，然后是 AP。

在 MV3 型中，所有分析参数都被考虑，其中常规标准的重要性最高，特别是厚度、层数、重量、PEI 和 GWP。AP 和 θ_{si} 的重要性较低。即使加权过程本身也包含着主观性的要素。

对于 MV4 型，所有分析参数都被考虑，然而，重要性最高的是三个环境指标（*PEI*、*GWP* 和 *AP*），其次是常规厚度。结构的重量、层数和内表面温度重要性较低。Fuller 三角形方法适合用于设置类似于 MV3 型的权重。这些偏好以优先级或权重表示，并表示标准之间的权衡。

3 结果与分析

环境参数计算范围：*PEI* 为 649.95~1754.01 MJ/m², *GWP* 为 51.74~131.53 kg CO_2eq/m², *AP* 为 0.15~0.62 kg SO_2eq/m²。如图 1 所示，计算值与其他作者在分析不同建筑结构中建筑材料的环境特性时所得结果相似。（Gustavsson et al. 2010；Abd Rashid et al. 2015；Vilcekova et al. 2015）

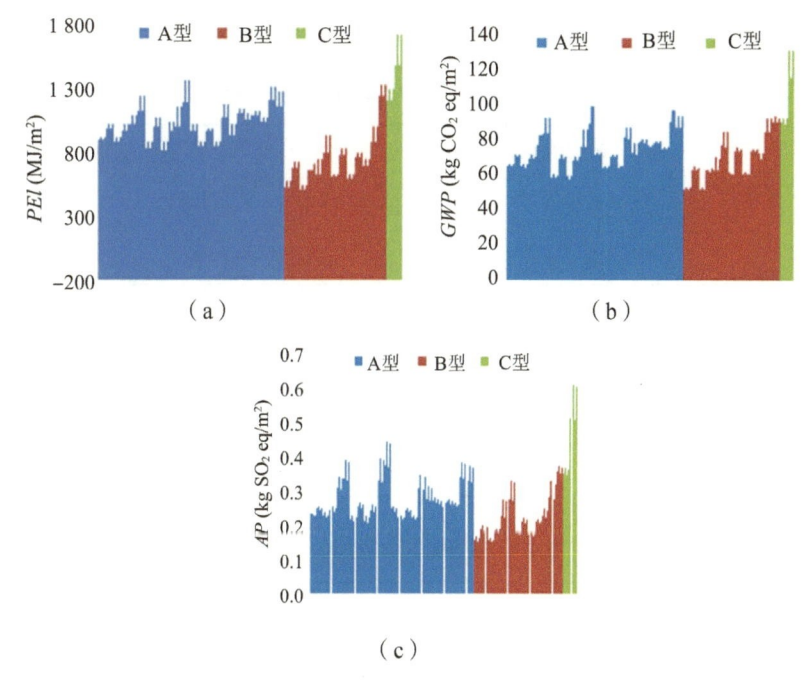

图 1 评估结构的 一次能源、全球变暖潜势和酸化潜势

从各墙体计算得出的 *PEI* 结果来看，由 300 mm 厚的加气混凝土制成，并带有石墨聚苯乙烯绝缘层的墙体材料 *PEI* 值最低，为 649.95 MJ/m²，由矿棉绝缘的钢筋混凝土制成的墙体材料 *PEI* 值最高，为 1 754.01 MJ/m²，其中采用矿棉保温的砖墙材料 *PEI* 值也高达 1 421 MJ/m²。

在二氧化碳和二氧化硫排放量方面也观察到同样的趋势。300 mm 厚石墨聚苯乙烯绝缘层加气混凝土墙体的 *GWP*（51.74 kg CO_2eq/m²）和 *AP*（0.153 2 kg

SO$_2$eq/m^2）值最低，而矿棉保温混凝土墙体的 GWP（131.53 kg CO$_2$eq/m^2）和 AP（0.620 5 kg SO$_2$eq/m^2）数值最高。砖墙负荷变化较大，添加矿棉的 300 mm 砖墙 GWP 值（99.9 kg CO$_2$eq/m^2）和 AP 值（0.44 kg SO$_2$eq/m^2）最差。

表 1 垂直结构的技术和环境参数总结

	层序号	厚度（mm）	重量（kg/m^2）	PEI（MJ/m^2）	GWP（kg CO$_2$ eq/m^2）	AP（kg SO$_2$eq/m^2）	θ_{si}（℃）
最大值	6.00	383.00	153.96	649.95	51.74	0.153 2	18.24
最小值	7.00	553.00	553.06	1 754.01	131.53	0.620 5	18.33
平均值	6.08	474.03	320.33	1 058.16	75.17	0.273 4	18.29
中值	6.00	473.00	341.21	1 074.21	72.74	0.255 6	18.28

表 2 仅考虑常规技术参数最适宜和最不适宜结构表

	最适宜选择方案		最不适宜选择方案	
	结构序号	数值	结构序号	数值
MV1	B4	0.948	A93	0.303
	B2	0.948	A75	0.299
	B8	0.916	A73	0.299
	B6	0.916	A91	0.296
	A35	0.827	A89	0.296

表 3 仅考虑环境参数最适宜和最不适宜结构表

	最适宜选择方案		最不适宜选择方案	
	结构序号	数值	结构序号	数值
MV2	B11	1.000	A46	0.349
	B9	0.996	C7	0.201
	B3	0.990	C5	0.194
	B1	0.987	C8	0.004
	B12	0.978	C6	0.000

表4 考虑到环境和技术参数最适宜和最不适宜的结构表

	最适宜选择方案		最不适宜选择方案	
	结构序号	数值	结构序号	数值
MV3	B4	0.955	A95	0.354
	B2	0.954	A93	0.353
	B8	0.903	A90	0.344
	B6	0.903	A91	0.339
	B25	0.851	A89	0.338
MV4	B9	0.879	C3	0.361
	B6	0.877	A92	0.356
	B2	0.869	A90	0.341
	B10	0.868	C6	0.268
	B4	0.867	C4	0.266

基于上述结果，可以认为最环保的材料组合是以石墨聚苯乙烯绝缘加气混凝土为代表的材料组。各变量最小值、最大值和平均值的数值比较见表1。

表2、表3和表4基于对所有结构成分的多标准分析，对单个加权变量（MV1至MV4）的5个最佳和5个最差结构成分进行排名，从最适宜到最不适宜的墙体组合进行排列。

对于MV1，仅从常规要求的角度评估结构中材料成分的适用性，环境参数重要性为零，在此评估体系下材料选择方案B4（加气混凝土300 mm，EPS 80 mm）被确定为最佳方案。与其他结构相比，这种墙体组合厚度小、重量轻、表面结构温度较好。其次是其他具有不同厚度EPS的加气混凝土结构。只有一种A型选择方案，基于300 mm砖与120 mm石墨EPS方案（A35）被标记为另一种最佳变量体。

如果在MV2分析中只考虑环境标准，那么300 mm加气混凝土和70 mm EPSg（B11）构成的垂直墙将被认为是最佳选择，这意味着环境指标 *PEI*、*GWP* 和 *AP* 的组合值最小。同样地，不同厚度的加气混凝土和石墨苯乙烯（B9、B12）或普通聚苯乙烯（B3和B1）的其他类型结构也被视为适宜的。相比之下，用钢筋混凝土和矿棉（180～200 mm）替代的材料被认为是最差的环境友好型

091

组合物（C5 至 C8）。在这些组分中，CO_2、SO_2 和一次能源的累积排放量较高。砖结构 A46（砖 300 mm、矿棉 150 mm）也被认为是不适宜的。

对于 MV3，它代表了传统标准和环境标准的结合，更注重技术参数，计算确定了最厚的加气混凝土砌块 EPS 保温材料（B2, B4, B6 和 B8）作为最适宜的墙体组合。这些墙体具有相对厚度低、重量轻、热工艺参数较好和对环境的负面影响较低等特点。较厚的 375 mm 加气混凝土砌块和 EPS 保温材料也是适宜的（B25）。440 mm 含矿棉（80～90 mm）隔热砖结构（A89—A91, A93 和 A95）是最不适宜的方案。这些替代材料相对较厚且较重，对环境有相当大的影响。

由 300 mm 厚的加气混凝土和 70 mm 厚的石墨聚苯乙烯绝缘层（B9）组成的墙体被视作 MV4 中最适宜的墙体。MV4 分析考虑了传统标准和环境标准的结合，更重视环境参数。材料替代品 B6、B2、B10 和 B4 也可认为适宜。根据 MV4 分析，最不适宜的成分被确定为采用矿棉保温材料（200 mm）的钢筋混凝土墙体——C3 至 C6。这些墙重量大，它们对环境有相当大的负面影响（*PEI*, *GWP* 和 *AP* 值高）。A90 和 A92 的组合体（440 mm 砖和 90 mm 矿棉，320 mm 钢筋混凝土墙和 180 mm 矿棉）被视作不适宜的。

比较多标准分析的结果，从环境和技术角度来看，最适宜的墙体选择方案的材料组成没有根本差异。用加气混凝土制成的 B 型墙体的性能最好，其次是用砖制成的 A 型墙体。环境性能最差的是由钢筋混凝土制成的 C 型墙体。在保温材料方面，聚苯乙烯保温材料具有较好的环境参数，包括普通 EPS 和石墨聚苯乙烯 EPSg。采用矿物保温材料（矿棉）的墙体对环境的负面影响较大。

4　结论

本文对中欧地区常用砌体材料制成的竖向结构的环境性能进行了分析。采用简化的多标准分析方法，在考虑其技术参数的同时，确定其环境影响最优的结构。

各材料按取得最佳分数的排序如下：加气混凝土＞砖＞钢筋混凝土，即使只考虑环境参数，加气混凝土的结构也被认为是最好的。研究结果表明，使用矿物绝缘材料的垂直结构对环境的负面影响比使用聚苯乙烯绝缘材料更大。当然，这还需要进行更多的研究来得出一个明确的结论。

参考文献

Abanda FH, Nkeng GE, Tah JHM, Ohanjah ENF, Manijia MB（2014）Embodied energy and CO_2 analyses of mud-brick and cement-block houses. AIMS Energy 2（1）:18–40.

Abd Rashid AF, Yusoff S（2015）A review of life cycle assessment method for building industry. Renew Sustain Energy Rev 45: 244–248.

Asif M, Muneer T, Kelley R（2007）Life cycle assessment: a case study of a dwelling home in Scotland. Build Environ 42（3）: 1391–1394.

Estokova A, Porhincak M（2015）Environmental analysis of two building material alternatives in structures with the aim of sustainable construction. Clean Techn Environ Policy 17: 75–83.

Gustavsson L, Joelsson A（2010）Life cycle primary energy analysis of residential buildings. Energ Build 42（2）: 210–220.

ISO EN 15804:2012+A1:2013 Sustainability of construction works. Environmental product decla- rations. Core rules for the product category of construction products.

Keun HY, Tae HK, Seung JR（2015）Analysis of lifecycle CO_2 reduction performance for long-life apartment house. Environ. Prog. Sustain. Energ 34（2）:555–556.

Korviny P（2010）MCA7, v 2.6. Software, manual.

Linkov I, Moberg E（2012）Multi-criteria decision analysis: environmental applications and case studies, 1st edn. CRC Press, Boca Raton.

Mitterpach J, Štefko J（2016）An environmental impact of a wooden and brick house by the LCA Method. Key Eng Mat 688: 204–209.

Pujadas-Gispert E, Sanjuan-Delmás D, Josa A（2018）Environmental analysis of building shallow foundations: the influence of prefabrication, typology, and structural design codes. J Clean Prod 186: 407–417.

Sartori I, Hestnes AG（2007）Energy use in the life-cycle of conventional and low-energy buildings: a review article. Energ Build 39: 249–257.

Thormark C（2006）The effect of material choice on the total energy need and recycling potential of a building. Build Environ 41: 1019–1026.

Vilcekova S, Culakova M, Kridlova-Burdova E, Katunska J (2015) Energy and environmental evaluation of non-transparent constructions of building envelope for wooden houses. Energies 8: 11047–11075.

Waltjen T, Pokorny W, Zegler T, Torghele K, Mötzl H, Bauer B, Boogmann P (2009) Details for passive houses: A catalogue of ecologically rated constructions, 3rd edn. Springer, Wien.

基于主成分分析的济南市雾霾污染分析

Haoqiang Zhao, Fang Luo

摘要：随着经济的快速发展，大气环境质量逐渐恶化，雾霾天气的频繁发生严重影响了人们的生活。本文以济南市为研究对象，采用主成分分析法，选取了济南市地区生产总值、第二产业比重、机动车拥有率、集中供热面积等13项指标，基于2007—2016年的数据，对济南市雾霾污染状况进行分析。结果表明：2007—2016年，济南市雾霾污染状况呈上升趋势。2015年，济南市雾霾污染达到高峰。此后，雾霾污染呈下降趋势，直至2016年，大气环境逐步改善。从主成分分析结果中提取两个主成分——社会经济因素和自然环境因素。其中，社会经济因素对济南市雾霾污染的贡献率为65%。

关键词：雾霾污染；主成分分析；济南市

1 引言

随着经济的快速发展，雾霾天气频繁发生等环境问题已经严重影响了人们的生产和生活。根据中国国家气象局《地面气象观测规范》对雾霾的定义，雾是指悬浮在空气中的大量小水滴，通常呈乳白色，使大气的水平能见度小于1.0 km；雾霾是指大量极小的尘埃颗粒均匀地悬浮在大气中，导致大气水平能见度不足10 km 的天气现象（China Meteorological Administration，2003）。

雾霾的发生机理及其对环境的影响研究一直是国内外学者关注的焦点。Yin 等人研究了1961—2013年济南市的气象观测结果，发现雾霾天数随年份起伏，雾霾天数呈"增、减、增"的趋势（Yin et al. 2014）。在对马来西亚雾霾的研究，如 Latif 的研究中就发现，马来西亚泥炭地区由传统农业生产方法引起的泥炭火灾是大气污染物的主要来源（Latif et al. 2018）。Davis 对伦敦的雾霾进行了模拟研究，发现伦敦雾霾的主要来源是灰尘和煤炭污染，而且完全是大气中污染物积累造成的（Davis, 2002）。Hu 提出，能源消费结构不科学、工业尾气排放不控制、机动车辆数量不断增加、城市化进程带来的大量建筑粉尘是雾霾天气持续出现的经济原因（Hu, 2013）。Rong 和 Feng 用两种统计方法对雾霾污染进行了实证分析，结果表明，第二产业比重、城区面积和机动车保有量对雾霾的影响较大，其中机动车数量的影响最大（Rong et al. 2015）。Kang 等对首尔雾霾天气进行了分析，指出 SO_4^{2-}、NO_3^-、NH_4^+ 等无机离子和有机质是 $PM_{2.5}$ 中含量最高的两种成分，它们对能见度下降的贡献最为明显（Kang et al. 2013）。Quah 等人通过对经济发展与环境污染关系的研究发现，仅 1999 年新加坡因雾霾天气造成的经济损失就占当年 GDP 的 4% 以上（Quah et al. 2003）。Dong 和 Tai 提出改善和优化城市能源结构，大力推进新能源产业发展，提高城市燃料清洁水平，可有效解决中国城市雾霾污染问题（Dong et al. 2014）。

2 材料与方法

2.1 研究区域

济南市是山东省的省会，位于山东省的中西部，山东省中南部的丘陵地区和山东省西北部的冲积平原的交汇处。近年来，随着济南市城市化进程的加快，雾霾天气频繁出现。济南地势南高北低，高压冷气旋由北向南吹，不利于污染物的扩散，进一步加剧了雾霾污染。雾霾天气已经成为济南市发展中不可忽视的问题。

2.2 研究方法

本文采用主成分分析（PCA）对具有一定相关性的评价指标进行降维，将其重组为一组新的不相关的综合评价指标，取代原有的综合评价指标，使其尽可能保留原变量中所包含的信息，提高综合评价结果的准确性。

2.3 指标选择

雾霾天气的形成不仅受到污染源的影响，而且与当地的气象条件有很大关系。参考其他学者的研究成果（Liu，2011；Gong et al. 2017；Cheng，2016；Wu et al. 2007；Ren et al. 2017），结合济南市具体情况，选取了与雾霾污染形成有关的 13 项指标（表 1）。

表 1　济南市雾霾污染指数

雾霾污染指数（单位）	变量名称
GDP（1 亿美元）	GDP
人口密度（人/km^2）	POP
第二产业比重（%）	SI
每万元能耗的国内生产总值（tce/每万元）	EC
集中供热面积（1 万 m^3）	HA
建筑施工面积（km^2）	CA
居民机动车辆数量（10 000）	CAR
绿地覆盖面积（km^2）	GA
SO$_2$ 年排放量（t）	SO$_2$
烟尘年排放量（t）	DE
氨氮年排放量（t）	NE
年降雨量（mm）	P
年平均风速（0.1 m/s）	WS

2.4　数据来源

本文数据主要来源于 2007—2016 年山东省统计年鉴中的标准年度经济、城市建设和社会发展数据，2007—2016 年中国地面气候资料日值数据集。

3　结果

采用 SPSS22.0 进行主成分分析，将 13 个指标形成雾霾污染综合评价指标体系。归一化数据计算相关系数矩阵。根据相关系数矩阵，计算出各主成分的特征值、贡献率和累积贡献率。计算结果详见表 2。

由表 2 可知，前两个主要成分的特征值大于 1，其累积方差贡献率达到了 89.57%，因此提取出两个主成分。提取的主成分与原始变量指数之间的相关程度由系数的加载值表示。系数的加载值越高，系数覆盖指数的信息就越多。主成分相互独立，可以代表一类独立于其他因素的成分。表 3 显示了正交旋转后的主系数载荷矩阵。

表2 总方差分析表

成分	初始特征值			被提取的载荷平方和		
	总计	方差百分比(%)	积累量(%)	总计	方差百分比(%)	积累量(%)
1	8.554	65.8	65.801	8.554	65.80	65.8
2	3.09	23.77	89.57	3.09	23.77	89.57
3	0.809	6.22	95.79			
4	0.357	2.75	98.54			
5	0.102	0.787	99.327			
6	0.06	0.459	99.786			
7	0.016	0.126	99.912			
8	0.01	0.076	99.988			
9	0.002	0.012	100			

表3 转置后的主系数载荷矩阵

变量	F_1	F_2
GDP	0.988 6	0.082 7
POP	0.982 3	0.054 7
SI	−0.981 3	0.034 6
EC	−0.982 9	−0.107 5
HA	0.989 5	−0.072 2
CA	0.987 9	0.088 9
CAR	0.994 3	−0.006 1
GA	0.979 0	−0.107 5
SO_2	−0.230 7	0.907 6
DE	0.453 6	0.705 2
NE	0.044 5	0.940 3
P	−0.010 7	−0.891 2
WS	0.702 9	0.226 0

由表3可以看出：（1）第一主成分F_1对GDP、POP、SI、EC、HA、CA、CAR、GA的负荷较大，其中GDP、SI、EC反映了区域经济发展水平；

POP、CA 和 GA 反映了城市发展的现状；HA 和 CAR 反映居民的生活水平。因此，第一个主成分可以称为"社会经济因素"。（2）第二主成分 F_2 对 SO_2、DE、NE 和 P 的负荷较大，反映了该地区的自然环境。13 个指标的前两个主成分得分系数见表 4。

表 4 得分等数

变量	F_1	F_2
GDP	0.34	0.01
POP	0.34	−0.01
SI	−0.33	0.06
EC	−0.34	−0.02
HA	0.34	−0.08
CA	0.34	0.01
CAR	0.34	−0.04
GA	0.33	−0.13
SO_2	−0.06	0.52
DE	0.17	0.38
NE	0.04	0.53
P	−0.02	−0.51
WS	0.25	0.10

表 5 2007—2016 济南市雾霾污染综合得分

年份	F_1	F_2
2016	0.34	0.01
2015	0.34	−0.01
2014	−0.33	0.06
2013	−0.34	−0.02
2012	0.34	−0.08
2011	0.34	0.01
2010	0.34	−0.04
2009	0.33	−0.13
2008	−0.06	0.52
2007	0.17	0.38

表 4 中两个主成分的表达式如下：

$$F_1=0.34\text{GDP}+0.34\text{POP}-0.33\text{SI}-0.34\text{EC}+0.34\text{HA}+0.34\text{CA}+0.34\text{CAR}$$
$$+0.33\text{GA}-0.06\text{SO}_2+0.17\text{DE}+0.04\text{NE}-0.02\text{P}+0.25\text{WS} \quad (1)$$

$$F_2=0.01\text{GDP}-0.01\text{POP}+0.06\text{SI}-0.02\text{EC}-0.08\text{HA}+0.01\text{CA}-0.04\text{CAR}$$
$$-0.13\text{GA}+0.52\text{SO}_2+0.38\text{DE}+0.53\text{NE}-0.51\text{P}+0.10\text{WS} \quad (2)$$

方差贡献率越高，主成分越重要。由于原指标基本可以由前两个主成分代替，因此在综合评分模型中，该指标的系数可以看作是两个主成分方差的加权贡献。由此，可以得到济南市雾霾污染综合评分模型如下：

$$F_3=0.25\text{GDP}+0.25\text{POP}-0.23\text{SI}-0.25\text{EC}+0.23\text{HA}+0.25\text{CA}+0.24\text{CAR}$$
$$+0.21\text{GA}+0.1\text{SO}_2+0.23\text{DE}+0.17\text{NE}-0.15\text{P}+0.21\text{WS} \quad (3)$$

因此，可以得到 2007—2016 年济南市雾霾污染综合评价结果，如表 5 和图 1 所示。

根据主成分分析的综合评价结果可以看出，2007—2015 年，济南市雾霾污染程度呈上升趋势，2015—2016 年，雾霾污染程度呈下降趋势。这意味着从 2007 年到 2015 年，大气环境一直在恶化，2015 年济南市雾霾污染达到高峰，然后环境逐渐改善。

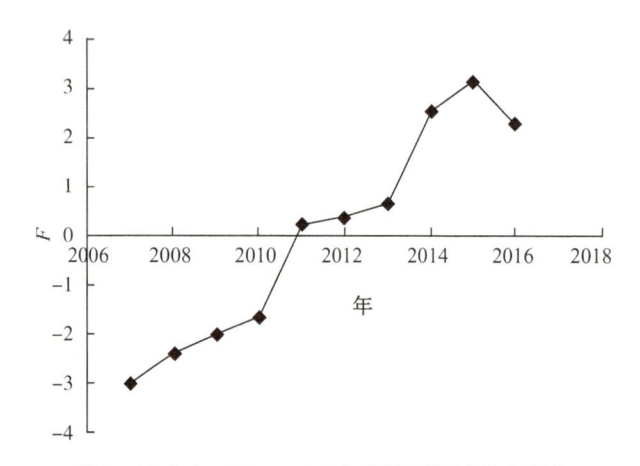

图 1　济南市 2007-2016 年度雾霾污染综合得分

4 讨论

雾霾天气十分复杂，既受自然环境的影响，也受社会经济发展的影响。人类活动造成的污染物排放超过环境承载能力是雾霾形成的内因。阻碍污染物扩散的空气动力条件是雾霾天气形成的外因。内外部因素综合作用最终导致雾霾污染。

4.1 区域经济发展

Grossman 和 Kreuger 的结论指出，在经济发展的过程中，环境在得到改善之前也是被污染的（Grossman et al. 1995）。从以上分析可以看出，第一主成分所包含的信息主要来自社会经济方面。综合评分模型中第一、第二、第六这三个指标的变化对济南市雾霾污染有重要影响。

4.2 城市化进程

第一个主成分中反映城市化进程的变量为人口密度、建筑面积和城市绿地覆盖面积。2016年，济南市单位面积人口为884.54人，是全国平均水平的6倍多。人口负荷过重将增加城市基础设施建设、消费和工业产出，而城市人口的增加和城市面积的扩大将直接增加雾霾相关污染物的排放（Zhang et al. 2018）。济南市房屋建筑面积与济南市雾霾污染的形成具有很强的正相关关系（Liu, 2015）。

4.3 地形

雾霾的形成不仅与污染源排放超过环境承载能力有关，而且与区域自然环境密切相关。济南市雾霾天气的发生在很大程度上与济南市地形和区域自然环境有关。济南市地形属盆地型。受地形影响，济南市上空气压场较弱，有较强的逆温层。被污染的空气难以扩散，这在一定程度上加剧了空气污染。

5 结论

济南市雾霾污染自2015年以来有所缓解，但总体仍处于高水平。雾霾污染仍然是济南市经济发展中不可忽视的问题。

5.1 改变经济发展模式

一方面，推动产业绿色低碳发展，严格控制高污染、高排放产业，淘汰落后产能，发展节能节水技术，实现区域经济可持续发展。另一方面，要加快产业升级步伐，优化本地区产业结构。因此，有必要充分发挥政府和市场"看不见的手"和"看得见的手"的作用，鼓励企业自主创新，合理调整三产结构，提高第三产业在国民经济中的比例，最终实现区域经济的可持续发展。

5.2 改善能源消耗结构

一是调整能源结构，大力扶持高技术产业，定期整顿现有高污染企业。对于必须存在的高污染企业，也应按顺风向从城市向郊区转移。二是提高太阳能、天然气等清洁能源比重，严格控制区域煤炭消费总量，加快新能源开发。三是加大冬季燃煤供热锅炉升级改造力度，加强煤炭质量检测和排放监管，加大"以天然气换煤"和"以电换煤"的实施力度，大力发展清洁能源，加大天然气开采力度，并加大天然气进口规模。四是加强监管，禁止散户使用经营性小煤炉，严禁露天燃烧和烧烤用煤。优化能源消费结构是一个缓慢的过程，能源结构的改变还需要政策的引导以及企业和行业的合作。

5.3 控制车辆尾气排放，提倡绿色出行

为控制城市机动车的增长率和尾气排放，除采取采购限制、驾驶限制等强制性管理措施外，还可以大力推广新能源汽车和混合动力汽车，给予新能源汽车开发、生产、采购更多优惠政策。其次，引导私家车"以气换油"，使用天然气、太阳能等清洁能源，减少尾气中颗粒物的排放。此外，可根据汽车的新旧程度、使用能源类型、汽车使用寿命、汽车的排量的不同等进行税收。最后，制定公共交通优先发展政策，坚持公共交通优先发展，倡导绿色出行模式。

参考文献

Cheng L （2016） Investigation of air quality status under the new normal and analysis of counter- measures—taking Jinan city as an example. Shanxi Agric Econ （12）:49.

China Meteorological Administration （2003） Specifications for ground meteorological observation. Beijing: meteorological publishing house.

Davis DL （2002） A look back at the London smog of 1952 and the half century since. Environ Health Perspect 110（12）:A734.

Dong Y, Tai B (2014) Analysis on causes and treatment measures of urban haze pollution. J Qilu Normal Univ 29 (4) :113–119.

Gong A, Liu X, Dai X (2017) Analysis on the causes and influencing factors of haze in chengdu. Environ Impact Assess 39 (1) :93–96.

Grossman GM, Krueger AB (1995) Economic growth and the environment. Q J Econ 110 (2) :353–357.

Hu M (2013) Economic analysis of haze. Econ Res Guide (16) :13–15.

Kang E, Han J, Lee M et al (2013) Chemical characteristics of size-resolved aerosols from Asian dust and haze episode in Seoul metropolitan city. Atmos Res 127 (6) :34–46.

Latif MT, Othman M, Idris N et al (2018) Impact of regional haze towards air quality in Malaysia: a review. Atmos Environ (3) :1127–1140.

Liu T (2011) Research on influencing factors of industrial structure change in Shandong province based on principal component analysis. J Shandong Univ (philosophy and social science edition) (3) :107–112.

Liu H (2015) Influence of construction on haze weather and suggestions on prevention and control. Brick Tile (04) :53–56.

Quah E, Boon TL (2003) The economic cost of particulate air pollution on health in Singapore. J Asian Econ 14 (1) :73–90.

Ren P, Li X, Sheng R (2017) Analysis on causes and countermeasures of haze weather. Environ Dev 29 (08) :200–202.

Rong FS, Feng K (2015) Factors influencing haze and countermeasures based on statistical analysis. J Xiamen Univ 54 (1) :114–121.

Wu Q, Li B, Ding L (2007) Evaluation of economic development potential of urban areas in Jiangsu province based on principal component a nalysis. Value Eng (9) :25–27.

Yin C, Yu L, Zhang Y (2014) Analysis of haze characteristics in Jinan city. Population Resour Environ China 24 (S3) :68–70.

Zhang Y, Han Y (2018) Influence of population factors on haze pollution—empirical analysis based on provincial panel data. World Surv (1) :9–16.

第三章

水资源与水环境

基于层次分析法的吸油毡吸附能力综合评价

Guohua Luan, Shengli Chu, Xin Li, Guangbo Ma

摘要：为综合评价吸油毡吸附能力，本文构建包含3个层级的评价指标体系，其中二级指标有3个，分别为静态吸附性能、现场表现性能、节能环保性能。三级指标有9个，分别为吸油率、吸水率、持油性等。利用四分法构建五个等级的指标赋分标准。采用层次分析法赋予指标权重。通过构建的评价指标体系与赋分方法，对8个吸油材料进行赋分，结果可为企业选择合适的吸油材料提供科学的决策依据。

关键词：吸油材料；层次分析法；综合评价体系

1 引言

油污溢入河流或湖泊将严重威胁水环境健康，对当地的水生态与渔业资源造成极大的危害（Feng，2010；Guan et al. 2010；Bao et al. 2015；Liu et al. 2015；Pan et al. 2009）。溢油的处理方法包含生物、化学和物理三种类型（Li et al. 2016；Liao et al. 2012）。三种方法中，物理吸附法因其起效快，处理量大，适应性强，成为当前主要的处理方式。吸油毡由于其高吸油率、疏水性好、价格低廉，成为当前常用的吸附材料，被广泛地应用于溢油事故应急处理中（Liao et al. 2012；Jiang et al. 2015；Lan et al. 2015；Sun et al. 2015；Xiao et al. 2005）。目前国际上广泛使用的评估吸油毡性能的标准指标包括吸油率、吸水率、持油率等（JT/T 560-2004；Q/SY 1712.2-2014；F716-2009，2009；Zhao et al. 2016）。企业应急准备吸油毡的难点是如何综合考虑各指标对吸油毡吸附剂性能的影响并选择最优的吸附剂。本文在充分考虑现有吸油毡性能指标以及专家经验的基础上，提出了包含三个层级的吸油毡性能评价指标体系，利用层次分析法（Analytic Hierarchy Process，AHP）计算各指标权重，对吸油毡吸油性能进行综合评价。本文提出的吸油毡性能评价指标体系、AHP权重计算方法、指标赋分标准，可为吸油毡优选工作提供理论支撑。

2 吸油毡性能评价指标

美国材料与试验协会（ASTM）的行业标准、吸附剂性能标准试验方法、中国《船用吸油毡》等对吸油毡均提出了一些关键的性能指标（JT/T 560-2004；Q/SY 1712.2-2014；F 716-2009 2009；Zhao et al. 2016）。国内外标准均采用吸油率和吸水率两项指标，而我国行业及相关企业标准增加了持油性、破损性、溶解性、沉降性、强度性、使用性、燃烧性等7项评价指标（表1）。

表1 吸油毡性能评价指标

编号	标准编号	标准归属	指标	增加指标
1	F 716-2009	国外标准	吸油率、吸水率	—
2	JT/T 560-2004	行业标准		持油性、破损性、溶解性、沉降性、强度性、使用性、燃烧性
3	Q/SY 1712.2-2014	企业标准		

3 基于AHP的吸油毡性能评价

3.1 AHP简介

如前所述，吸油毡的性能指标受吸油率、吸水率、持油性、破损性、溶解性和沉降性等多种因素影响。层次分析法是一种处理多因素、多指标体系的主观赋权方法。层次分析法由T. L. Saaty在20世纪70年代提出，在安全评价、风险评价、钻井评价等诸多方面得到了广泛的应用。层次分析法对各层次指标赋权的基本步骤为：层次结构的建立、判断矩阵的构建、权重的计算和一致性检验（Guo et al. 2008；Deng et al. 2012；Yang et al. 2006；Luan et al. 2014；Wu et al. 2013）。

3.2 指标体系构建

如前所述，吸油毡的性能与吸油率、吸水率、持油性、破损性、溶解性和沉降性等多项指标有关。对吸油毡性能指标进行综合分类后，将吸油毡性能评价体系划分为3个等级，以吸油毡综合性能为一级；在第二级建立了静态吸附性能、现场表现性能和节能环保性能三个指标，在第三级建立了9个指标。

3.3 评分标准与指标权重

3.3.1 评分标准

根据上述行业和企业标准，按照赋分法判定吸油毡性能，将吸油毡性能分为五个等级，分别为优秀、良好、一般、及格、差，总分为5分。评价指标赋分标准如表2所示。

表 2 评价指标赋分标准

评价指标	5（优秀）	4（良好）	3（一般）	2（及格）	1（差）
吸油率	≥ 15	≥ 10, < 15	≥ 8, < 10	≥ 6, < 8	< 6
吸水率	≤ 5%	>5%, ≤ 10%	>10%, ≤ 15%	—	>15%
持油性	≥ 90%	≥ 80%, <90%	≥ 70%, <80%	≥ 60%, < 70%	< 60%
破损性	12小时震荡后维持原状	—	—	—	12小时震荡后无法维持原状
沉降性	12小时震荡后漂浮水面	—	—	—	12小时震荡后无法漂浮水面
溶解性	在油中无法溶解与变形	—	—	—	在油中溶解与变形
强度性	锤击试验3分钟后无撕裂现象	—	—	—	锤击试验3分钟后发生撕裂
使用性	可重复使用10次	—	—	—	无法使用超过5次
燃烧性	燃烧处理无污染	—	—	—	燃烧处理有污染

3.3.2 指标权重

根据层次分析法，通过专家经验对各级绩效指标的重要性进行排序，构建层次判断矩阵，利用MATLAB 7软件计算各判断矩阵最大特征值和特征向量，并对判断矩阵的一致性进行检验。吸油毡性能评价指标权重值的计算结果如表3所示。

表3 指标体系与指标权重

编号	一级指标	二级指标	二级指标权重	三级指标	三级指标权重
1	吸油毡的综合性能	静态吸附性能	0.730 6	吸油率	0.717 2
2				吸水率	0.088 1
3				持油性	0.194 7
4		现场表现性能	0.188 39	破损性	0.165 4
5				溶解性	0.048 2
6				沉降性	0.620 8
7				强度性	0.165 6
8		节能环保性能	0.081 0	使用性	0.166 7
9				燃烧性	0.833 3

4 案例分析

L公司是一家临河的大型石化企业，有较大的溢油风险。该公司需要购买一批吸油毡作为预防石油泄漏的应急物资，现有8种吸油毡（Z1至Z8）可用。L公司按照上述行业、企业标准测试各吸油毡的性能，测试结果见表4。

表4 吸油毡样品性能指标评价

编号	评价指标	Z1	Z2	Z3	Z4	Z5	Z6	Z7	Z8
1	吸油率	5	4	3	5	4	4	3	5
2	吸水率	4	4	3	5	4	5	5	4
3	持油性	3	3	5	4	4	4	5	4
4	破损性	5	5	1	5	5	5	5	5
5	溶解性	5	1	1	1	5	5	5	1
6	沉降性	5	5	5	5	1	5	5	5
7	强度性	1	1	5	5	5	1	1	1
8	使用性	5	5	5	5	1	5	5	5
9	燃烧性	5	5	1	5	5	5	1	5

如表 4 所示，现场 8 种吸油毡的性能测试结果存在明显差异，检验结果无法为公司提供实质性意见。为了保证优选工作的科学性和合理性，应用上述"基于 AHP 的吸油毡评价方法"对吸油毡吸油性能进行综合评价，吸油毡综合性能结评价果如图 1 所示。

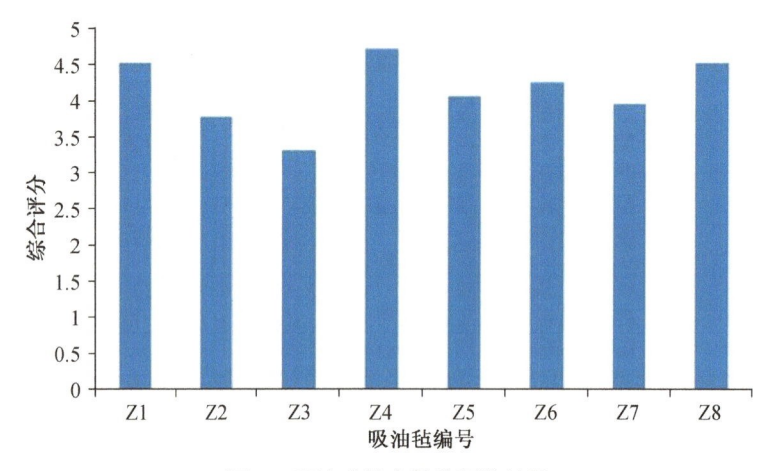

图 1 吸油毡综合性能评价结果

结果显示，8 种吸油毡样品综合性能得分存在显著差异，其中 Z4、Z1、Z8 三种吸油毡得分较高，推荐为优选吸油毡。其他类型的吸油毡评分较低，不作为推荐产品。以上通过建立吸油毡性能评价指标，采用加权平均法计算各吸油毡的综合性能的评价方法，为吸油毡产品的选择提供科学依据。

5 结论

本文建立三个层次的吸油毡性能评价体系，其中第二层指标包含静态吸附性能、现场表现性能、节能环保性能 3 个指标，第三层指标包含吸油率、吸水率、持油性等 9 个指标。根据四分法建立 5 个等级的指标赋分标准。利用层次分析法赋予指标权重。应用基于层次分析法的吸油毡综合性能评价方法，对 8 种备选吸油毡性能进行综合评价，可为企业选择吸油毡提供科学依据。

参考文献

Bao M, Pi Y, Sun P et al（2015）Research progress on "deepwater horizon" Oil Spill of Gulf of Mexico. Period Ocean Univ China 01:55–62.

Deng X, Li J, Zeng H et al (2012) Research on computation methods of AHP wight vector and its applications. Math Pract Theory 42 (7) :93–101.

F716-2009 (2009) Standard test methods for sorbent performance of absorbents. ASTM, USA.

Feng Y (2010) Lessons learned from the emergency response to the July 16 Oil Spill Incident in Dalian. China Marit Saf 12:17–18.

Guan Y, Han J (2010) Review of the cleaning action taken at sea after the July 16 Oil Spill Incident in Dalian and some suggestions related thereof. China Marit Saf 12:19–21.

Guo J, Zhang Z, Sun Q (2008) Study and applications of analytic hierarchy process. China Saf Sci J 18 (5) :148–152.

Jiang X, Lan Z, Zhu B et al (2015) Oil absorptive properties and application research of oil sorbent. China Water Transp 4:322–324.

JT/T 560-2004 (2004) Sorbents for ship. Water Resources and Electric Power Press, Beijing, p8.

Lan Z-J, Zhu B-K, Jiang X-T (2015) Analysis of oil adsorbing effect of oil sorbent on diesel andits application. J Green Sci Technol 6:176–178.

Li F, Duan L, Luan G et al (2016) Research of oil absorption materials based natural organic fiber of cotton linter. New Chem Mater 02:111–113.

Liao G, Ma Y, Gao Z (2012) Enlightenment on Oil Spill Incident in Gulf of Mexico to oil spill pollution control management of deep sea in our country. Ocean Dev Manag 5:70–76.

Liu P, Li B, Zheng X (2015) Application of environment sensitivity technology in leakage of long- distance pipelines. Petrochem Ind Technol 4:97–98.

Luan G, Pei Y, Wu D et al (2014) The AHP-FUZZY method for an integrated emergency drills assessment in industrial production. Math Pract Theory 10:98–103.

Pan D, Huo Y (2009) Risk analysis on oil and gas leakage accident in offshore oil & gas field engineer. Mar Environ Sci 28 (4) :426–429.

Q/SY 1712.2-2014 (2014) Performance technology requirements of products used for oil spill response-the second part: oil sorbent. Petroleum Industry Press, Beijing.

Sun W, Zhang Y, Pu Z et al (2015) Discussion on technology of oil spill emergency response in port. Environ Eng S1:971–974+984.

Wu D, Pei Y, Luan G et al (2013) Assessment on emergency drills of oil depot based on AHP-Fuzzy method. J Saf Sci Technol 07:130–133.

Xiao H, Shen B-X, Chen X-Z (2005) Investment on crude oil spills adsorbing effect of melt-blown polypropylene fabric (MBPP). Oil Gas Storage Transp 24 (5):24–27.

Yang W, Shi X, Yu C (2006) Impact assessment of spilled oil pollution from ship based on AHP method. Shipp Manag 05:13–16.

Zhao Y, Hou J, Sun L (2016) Differences in technical standards for oil spill responses at home and abroad. Oil-Gas Storage Transp 10:1083–1086+1091.

基于 MODFLOW 模型的潍坊市北部超采区地下水位恢复研究

Weijie Diao, Yong Zhao, Jiaqi Zhai, Fan He, Jing Yin

摘要：随着社会经济的快速发展，地下水的大量开采已成为一个严重的环境问题。为了缓解地下水过度开采状况，确定合理的开采布局，本文采用地下水数值模拟模型对潍坊市的现状、农业节水、地下水置换和综合情景进行数值模拟，研究 2014—2023 年间地下水水位变化情况。研究结果显示，在当前地下水开采情景下，潍坊市整个区域地下水水位均呈下降趋势，水均衡量为 $-0.45 \times 10^8 \text{ m}^3/\text{a}$；农业节水可以提高大部分地区的地下水水位，地下水置换可以有效地控制地下水漏斗区。由于单一措施的效果并不全面，在 2023 年底，灌溉水利用系数为 0.7，地下水资源替代率为 100% 的综合情景下，地下水水位恢复，排水漏斗消失。地下水由南向北回归自然方向，模拟北部水位大于 0，可有效防止海水入侵。该结论可为其他面临类似挑战的区域提供合理的参考。

关键词：地下水超采；数值模拟；地下水恢复；南水北调工程；Visual MODFLOW 模型

1 引言

地下水资源在社会进步、经济发展过程中发挥着重要作用（Zektser et al. 2005; Konikow et al. 2005）。但由于需水量的增加以及有限的地表水资源供应量，大量地下水被开采。当地下水开采量远大于补给量时，将形成地下水超采区（Bromley et al. 2001; Camp et al. 2010）。地下水超采不仅导致地下水位下降，还引发海水入侵、地面下沉等环境问题（Pei，2018）。因此控制地下水超采区范围尤其重要。

过去 10 多年中，修复地下水系统，消减地下水超采区，恢复地下水位等受到广泛关注（Hu et al. 2010；Nam et al. 2010；Seo et al. 2014）。地下水开采的主要手段是通过泵、井抽水，关闭抽水井是恢复地下水位最直接的方法。在我国张掖市，由于开采量的差异，地下水位恢复效果也大不相同。削弱 30% 的开采量在 10 年后可以恢复 10 m 的地下水位（Chen et al. 2016）。同时，20 世纪 90 年代兴起的人工注入水量法是另一种重要的地下水恢复方式，这种方式已经在众多区域采用（Donovan et al. 2002；Han，2003；Phien-Wej et al. 1998；Tu et al. 2011）。在约旦的一项研究（Abdulla，2010）中对比了 27 年间不同人工注水量（低、中、高）的影响，发现高注水量条件下，不同地区地下水增长范围为 1.5～20 m，突出了干旱与半干旱地区地下水管理的重要性。

尽管可以简单地通过减少地下水开采量来提升地下水位，但它不能从根本上解决水量的供需矛盾。人工注水方式可以有效恢复地下水系统，但存在水质、经济适用性等问题。在可持续发展的大背景下，保护地下水资源，寻找替代水源是最佳的削减地下水超采的方式。当前已经有众多研究显示，地下水替代将是解决地下水超采最有效的方式（Garcíagil et al. 2015；Mossmark et al. 2008）。

为探究不同处置方式下地下水位的动态变化，采用 MODFLOW（Mcdonald et al. 1988），FELFLOW（Diersch HJG，2005），及 GMS（Group，2006）等软件建立了数值模型。Visual MODFLOW 将 PEST 和 MT3D 结合起来开发，被广泛应用于分析地下水位和水均衡量变化中（Zume et al. 2008；Ayvaz，2009；Xu et al. 2012；Mohtashami et al. 2017；Iwasaki et al. 2014；Jang et al. 2016）。

潍坊北部由于受地下水超采的影响，地下水位下降、海水入侵，因此本文选择该地区为典型研究区域。此外，它也是一个受水区，使其更适合进行研究。为解决地下水超采问题，确定最优的地下水恢复措施，采用 Visual MODFLOW 软件预测并对比不同处理方式 10 年的地下水水位恢复量与水均衡量的变化，确定农业节水与地下水资源置换相结合的合理恢复方案，为其他地区的地下水恢复提供参考。

2 方法与数据

2.1 研究区域

地下水超采主要发生在潍坊北部的寿光市、寒亭区、昌邑县等，面积为 2 101.96 km²。水资源公报统计数据显示，该地区 2013 年的地下水开采量为 2.51×10^8 m³，占供给量的 58%。农业灌溉和日常用水量为 1.43×10^8 m³，0.51×10^8 m³，占地下水消耗量的 57% 和 20%。

根据 17 个钻孔资料，绘制了研究区 2 个水文地质剖面，如图 1 所示。研究区含水层体系分为两部分，南部山前冲积平原为单层潜水含水层，北部泛滥平原为岩性复杂的多层复合含水层。

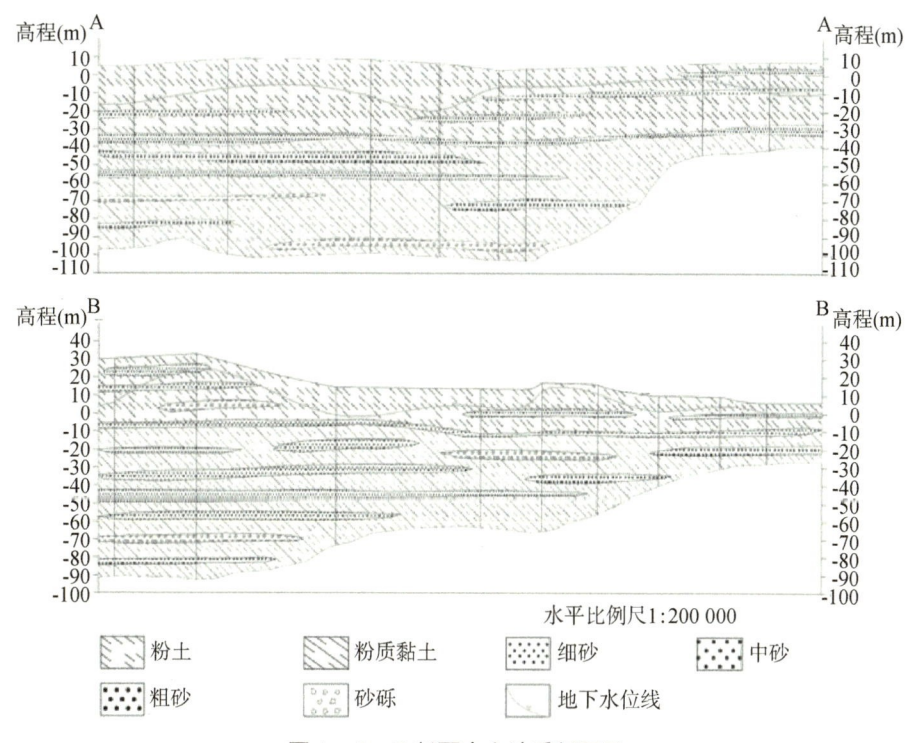

图 1 A，B 剖面水文地质剖面图

2.2 研究方法

根据研究区水文地质条件，利用 Visual MODFLOW 软件建立了二维地下水数值模拟模型。其水平方向采用二维网格结构，垂直方向定义为潜水含水层。

根据概念模型，建立数学模型如下：

$$\begin{cases} \dfrac{\partial}{\partial x}\left[k_x(h-b)\dfrac{\partial h}{\partial x}\right] + \dfrac{\partial}{\partial y}\left[k_y(h-b)\dfrac{\partial h}{\partial y}\right] + \dfrac{\partial}{\partial z}\left[k_z(h-b)\dfrac{\partial h}{\partial z}\right] + \varepsilon \\ \quad = \mu\dfrac{\partial h}{\partial t}, (x,y,z) \in \Omega \\ h(x,y,z,t)\mid_{t=0} = h_0(x,y,z), (x,y,z) \in \Omega \\ h(x,y,z,t)\mid \Gamma_1 = h_1(x,y,z), (x,y,z) \in \Gamma_1 \\ k_n\dfrac{\partial h}{\partial n}\Gamma_2 = q(x,y,z,t), (x,y,z,t) \in \Gamma_2 \end{cases} \quad (1)$$

式中：Ω 是模拟范围，Γ_1 和 Γ_2 是第一类边界和第二类边界，n 第二个边界的外法线方向，μ 是屈服比，$h_0(x,y,z)$ 代表了初始条件，即初始分布（m），$h_1(x,y,z)$ 代表第一类边界条件（m），$q(x,y,z)$ 代表第二类边界条件，流入为负，流出为正（m³/d），h 是地下水水平面（m），b 是潜水含水层底板高度（m），k 是含水层的渗透系数（m/d），ε 为单位面积上的入渗补给强度。

采用均方根误差（$RMSE$）、相对误差（RE）、年终误差（E）、相关系数（R^2）等一系列统计指标来判断模型的模拟精度。R^2 表示两个变量线性相关的程度。$RMSE$ 和 RE 提供了关于模型预测能力的不同类型信息。E 为模拟周期内的偏转度。$RMSE$、RE、E、R^2 的定义如下：

$$RMSE = \sqrt{\dfrac{1}{N}\sum_{i=1}^{n}(S_i - O_1)^2} \quad (2)$$

$$RE = \dfrac{1}{N}\sum_{i=1}^{N}\left(\dfrac{\mid S_i - O_1\mid}{\max(O_i) - \min(O_i)}\right) \times 100\% \quad (3)$$

$$E = \mid S_i - O_i\mid \quad (4)$$

$$R^2 = \dfrac{\left[\sum_{1}^{N}(S_i - \overline{S})(O_i - \overline{O})\right]^2}{\sum_{i=1}^{N}(S_i - \overline{S})^2 \sum_{1}^{N}(O_i - \overline{O})^2} \quad (5)$$

其中，N 是观测数，O_i 和 S_i 分别是观测数据和模拟数据的第 i 个值，$\overline{S}$ 和 $\overline{O}$ 是 S_i 和 O_i 的数据列阵的平均值。

3 结果与讨论

为了提高模型模拟结果的可靠性,有必要对瞬态流动进行模拟。为了估算瞬态流量,采用36口观测井的数据进行模型率定(2011—2012年)和验证(2013年)。根据实际情况确定模型水文地质条件和边界条件。图2为其中4口观测井实测水位与模拟水位的对比图。

普遍认为当模型的均方根误差小于1 m,相关系数大于0.9时,模型精度符合要求,模型精度结果如表1所示。模型率定指标值(2011—2012): $RMSE$= 0.17～0.56 m, RE= 4.84%～26.41%, E= 0.14～0.73 m, R^2=0.99;模型验证指标值(2013): $RMSE$= 0.22～0.87 m, RE=5.45%～30.38%, E= 0.19～1.25 m, R^2=0.98。验证期的精度略低于校准期,可能是由于部分地区缺乏地下水开采的实际数据所致。

本研究考虑了三种基本工况,即节水、地下水置换和综合方案。表2为各个基本工况下地下水修复基本方案。

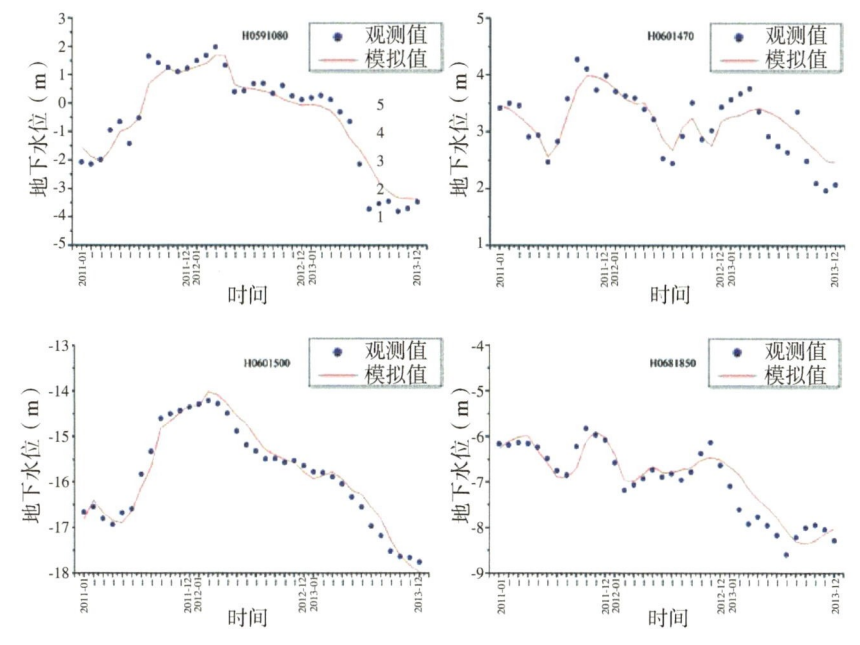

图2 4口观测井地下水位实测值与模拟值对比图

表 1　模型率定验证参数统计表

观测井	校准情况（2011—2012）			验证（2013）		
	RMSE（m）	RE（%）	E（m）	RMSE（m）	RE（%）	E（m）
H0591020	0.33	20.63	0.42	0.61	26.95	0.74
H0591030	0.42	15.79	0.21	0.39	14.83	0.18
H0591080	0.37	4.99	0.29	0.61	8.69	0.50
H0601440	0.56	26.41	0.63	0.87	30.38	1.25
H0601470	0.20	6.99	0.16	0.41	17.10	0.39
H0601500	0.20	4.84	0.17	0.22	5.45	0.19
H0681840	0.22	7.53	0.38	0.35	9.33	0.51
H0681850	0.17	5.52	0.14	0.44	15.26	0.40
H0681880	0.49	19.37	0.73	0.58	21.52	0.92
H0681940	0.27	10.24	0.25	0.48	15.27	0.37

表 2　潍坊北部地下水超采模拟工况

模拟工况	说明
工况 A	现状工况
工况 B1	有效水利用系数提高到 0.6
工况 B2	有效水利用系数提高到 0.7
工况 B3	有效水利用系数提高到 0.8
工况 C1	利用外部水替换地下水源至 50%
工况 C2	利用外部水替换地下水源至 75%
工况 C3	利用外部水替换地下水源至 100%
工况 D	有效水利用系数提高到 0.7，利用外部水替换地下水源至 100%

3.1 工况 A：现状方案

图 3（a）为 2023 年的地下水等高线图。结果表明，地下水流场与以往的稳定流场结果基本一致。此外，由于过度开采，地下水位呈显著下降趋势。对于大多数地区，模型中的地下水开采都很均匀，因此，没有观察到明显的下降漏斗。研究发现，地下水位以 0.3～0.4 m/a 的速度下降。但是，在地下水源区，由于水井的集中开采，地下水位很可能以 0.6～1 m/a 的速度下降。漏斗中心的最大地下水深度可能达到 50 m。根据水资源预算，平均地下水预算为 -0.494×10^8 m³/a，略高于之前的结果。因此，本研究区域急需确定合理的地下水开发缓解措施。

3.2 工况 B1 至 B3：不同的水利用率系数

如图 3（b）、（c）、（d）所示，与工况 A 相比，大多数地区的地下水位将会上升。寿光是一个农业发达地区，灌溉用水使用量为 1.37×10^8 m³/a，地下水贡献为 1.16×10^8 m³/a。相比其他地区，地下水位明显增加，最大增加了 8 m。寒亭地下水位升高了 2～4 m，昌邑绝大部分地下水位变化趋势为先增加后减少。这样的趋势是因为昌邑地区地下水资源少。因此有效水利用系数的增加导致地下水开采量减少，并导致地下水位上升。但随着系数的不断提高，灌溉回流补给量大大减少。此外，由于地下水回流补给量小于开采量，因此地下水位出现下降。在多个地下水源附近，无论利用系数变化如何，地下水位变化始终较小，下降漏斗明显。因此，虽然农业灌溉是研究区的主要用水源，但它并不是导致漏斗下降的直接原因。

如图 3 所示，方案 B1 至 B3 的地下水预算分别为 0.334×10^8 m³/a，-0.265×10^8 m³/a，-0.269×10^8 m³/a。节约农业灌溉水是减缓地下水位下降的有益措施。由于研究区不仅仅依赖地下水灌溉，有几个地区使用地表水进行灌溉，所以利用系数的上升会影响回灌量。例如 B2 工况的有效水利用系数为 0.7，地下水预算为 -0.265×10^8 m³/a，当有效水利用系数增加到 0.8 时，地下水概算为 -0.269×10^8 m³/a。

3.3 方案 C1 至 C3：地下水源的不同替代方式

为管理地下水下降漏斗，根据南水北调工程设计了三种方案。如图 3（e）、（f）、（g）所示，与方案 A 相比，下降漏斗区域的地下水位可能通过替换地下水而显著增加，替换量越大，地下水位上升就越高。漏斗中心水位的最大上升幅度为 35 m，下降漏斗的面积明显减少。如图 3（g）所示，当置换水达到 100% 时，研究区域几乎没有下降漏斗，地下水流量从南到北可恢复自然状态。但在大多数地区，地下水位下降的趋势仍未得到解决。总之，地下水的集中开采是形成下降漏斗的主要原因，而农业灌溉是大面积地下水位下降的主要原因。

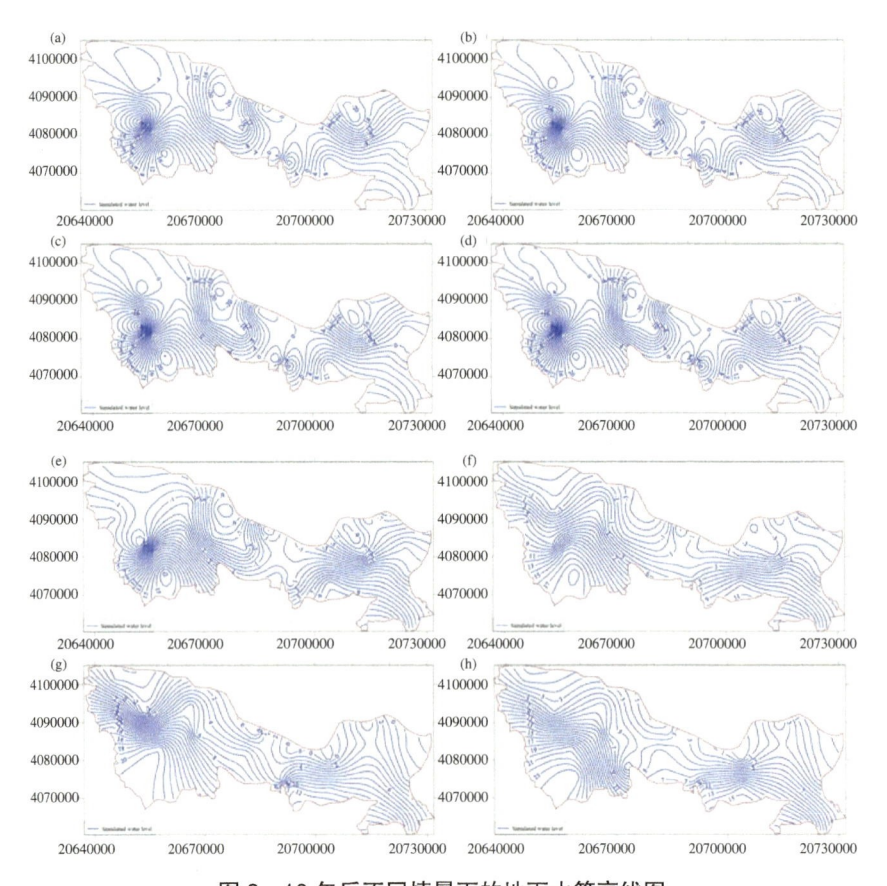

图 3 10 年后不同情景下的地下水等高线图

水资源预算表明，当替换水源量达到当前开发量的 75% 时，地下水系统的总水资源预算将达到平衡。然而从流场可以明显看出，考虑到外部输水量为 $0.6 \times 10^8 \, m^3$，研究区域内仍然有一部分水位下降漏斗无法完全替换。因此，关于修复下降漏斗的最佳地下水替换情况估计占比是 100%。

3.4　方案 D：综合方案

为实现整个过度开发区的综合管理，取最佳水利用系数为 0.7，最佳置换水量为100%。从图中可以明显看出，图3（h）研究区无下降漏斗，北部地下水位高于海平面。此外，水流从南到北，最终进入莱州湾。在这种情况下，可以缓解地下水过度开发问题，有效地控制海水入侵。

4 结论

本研究采用Visual MODFLOW软件模拟了地下水的动态变化。经校准、验证，利用该模型预测了潍坊过度开采区2014年至2023年地下水的动态变化。在目前的开采情况下，研究区地下水位的下降程度不同。大多数地区的下降速度估计为0.3~0.4 m/a，地下水源的减少速度估计为0.6~1 m/a。最大水深达到50 m，因此减缓地下水资源过度开采十分重要。为了恢复地下水系统，首先进行了农业节水模拟。但仿真结果表明，B2的利用系数小于B3的利用系数，而B2的水量预算大于B3的水量预算。因此，较高的利用系数并不总是更有利于地下水系统的恢复。第二个模拟方案是基于地下水的置换。结果表明，地下水系统在置换水量占现有水源的75%时达到平衡，置换水量越多，下降漏斗修复效果就越好。因此，建议将B2和C3的组合作为一个有效控制过度开发区域地下水位的综合方案。这些结果不仅给研究区域的地下水恢复提供了科学依据，也可推广到其他类似区域。

参考文献

Abdulla FA（2010）Artificial groundwater recharge to a semi-arid basin: case study of Mujib aquifer. Jordan Environ Earth Sci 60（4）:845–859.

Ayvaz MT（2009）Application of harmony search algorithm to the solution of groundwater management models. Adv Water Resour 32（6）:916–924.

Bromley J, Cruces J, Acreman M, Martínez L, Llamas MR（2001）Problems of sustainable groundwater management in an area of over-exploitation: The upper Guadiana catchment, Central Spain. Int J Water Resour Dev 17（3）:379–396.

Camp MV, Radfar M, Walraevens K（2010）Assessment of groundwater storage depletion by overexploitation using simple indicators in an irrigated closed aquifer basin in Iran. Agric Water Manage 97（11）:1876–1886.

Chen S, Yang W, Huo Z, Huang G（2016）Groundwater simulation for efficient water resources management in Zhangye Oasis. Northwest China Environ Earth Sci 75（8）:647.

Diersch HJG (2005) WASY Software FEFLOW ® -Reference Manual.

Donovan DJ, Katzer T, Brothers K, Cole E, Johnson M (2002) Cost-Benefit Analysis of Artificial Recharge in Las Vegas Valley, Nevada. J Water Resour Plann Manage 128 (5):356–365.

Garcíagil A, Vázquezsuñé E, Sáncheznavarro JÁ, Mateo Lázaro J (2015) Recovery of energetically overexploited urban aquifers using surface water. J Hydrol 531:602–611.

Group SS (2006) Groundwater modeling system (GMS). John Wiley & Sons, Ltd.

Han Z (2003) Groundwater resources protection and aquifer recovery in China. Environ Geol 44 (1):106–111.

Hu YK, Moiwo JP, Yang YH, Han SM, Yang YM (2010) Agricultural water-saving and sustainable groundwater management in Shijiazhuang irrigation district, North China Plain. J Hydrol 393 (3-4):219–232.

Huo ZL, Feng SY, Kang SZ, Cen SJ, Ma Y (2007) Simulation of effects of agricultural activities on groundwater level by combining FEFLOW and GIS. N Z J Agric Res 50(5):839–846.

Iwasaki Y, Nakamura K, Horino H, Kawashima S (2014) Assessment of factors influencing groundwater-level change using groundwater flow simulation, considering vertical infiltration from rice-planted and crop-rotated paddy fields in Japan. Hydrogeol J 22 (8):1841–1855.

Jang CS, Chen CF, Liang CP, Chen JS (2016) Combining groundwater quality analysis and a numerical flow simulation for spatially establishing utilization strategies for groundwater and surface water in the Pingtung Plain. J Hydrol 533 (1):541–556.

Konikow LF, Kendy E (2005) Groundwater depletion: a global problem. Hydrogeol J 13 (1):317–320.

Lin Z, Lin W, Pengfei L (2015) Analysis of shallow-groundwater dynamic responses to water supply change in the Haihe River plain. Biochemistry 368 (1):373–378.

Mcdonald MG, Harbaugh AW (1988) A modular three-dimensional finite-difference groundwater flow model p 387–389.

Mohtashami A, Akbarpour A, Mollazadeh M (2017) Development of two dimensional groundwater flow simulation model using meshless method based on MLS approximation function in unconfined aquifer in transient state. J Hydroinformatics 19 (5).

Mossmark F, Hultberg H, Ericsson LO (2008) Recovery from groundwater extraction in a small catchment area with crystalline bedrock and thin soil cover in Sweden. Sci Total Environ 404 (2-3):253.

Nam Y, Ooka R (2010) Numerical simulation of ground heat and water transfer for groundwater heat pump system based on realscale experiment. Energy Build 42（1）:69–75.

Phien Wej N, Giao PH, Nutalaya P（1998）Field experiment of artificial recharge through a well with reference to land subsidence control. Eng Geol 50（50）:187–201.

Seo JP, Cho W, Cheong TS（2014）Development of priority setting process for the small stream restoration projects using multi criteria decision analysis. J Hydroinformatics 17（2）:211.

Tu YC, Ting CS, Tsai HT, Chen JW, Lee CH（2011）Dynamic analysis of the infiltration rate of artificial recharge of groundwater: a case study of Wanglong Lake, Pingtung. Taiwan Environ Earth Sci 63（1）:77–85.

Xu X, Huang G, Zhan H, Qu Z, Huang Q（2012）Integration of SWAP and MODFLOW-2000 for modeling groundwater dynamics in shallow water table areas. J Hydrol 412（1）:170–181.

Yao J, Ren Y, Wei S, Pei, W（2018）Assessing the complex adaptability of regional water security systems based on a unified co-evolutionary model. J Hydroinformatics.

Zektser S, Lo á iciga HA, Wolf JT（2005）Environmental impacts of groundwater overdraft: selected case studies in the southwestern United States. Environ Geol 47（3）:396–404.

Zume J, Tarhule A（2008）Simulating the impacts of groundwater pumping on stream–aquifer dynamics in semiarid northwestern Oklahoma. USA Hydrogeol J 16（4）:797–810.

结合太阳能烟囱的加湿-除湿海水淡化系统设计

Fei Cao, Heng Zhang, Qingjun Liu, Tian Yang, Tianyu Zhu

摘要：本文提出了一种结合太阳能烟囱的新型加湿-除湿海水淡化系统。该系统由太阳能集热器、双塔太阳能烟囱上风系统和海水冷凝器组成。本文分别建立了太阳能集热器、烟囱和冷凝器的数学模型，对系统的性能进行了模拟，并计算了月淡水生成量。研究发现，在平均太阳辐射 598.66 MJ/m^2 的情况下，与西班牙太阳能烟囱发电厂原型尺寸相似的系统平均可产生 1.51 kg/h 的淡水。

关键词：海水淡化；加湿；除湿；太阳能烟囱；太阳能

1 项目简介

太阳能海水淡化是解决我国水资源短缺最有效的方法之一。太阳能加湿-除湿是一种规模小、布置分散、投资少、维护少的主动式太阳能蒸馏海水淡化方法，对内陆农村、沿海岛屿、远洋船只和防波堤礁等地具有重要意义。通过数值模拟分析了平板式和圆形翅片管式两种冷凝器中的蒸汽流动和冷凝特性，指出了HVAC系统中加湿-除湿海水淡化和冷凝器中强化传热不同规律（Sievers et al. 2013，2015）。Chehayeb等人使用温焓曲线夹点法分析了太阳能加湿-除湿热力学过程，发现了不同系统中气流温度和速度等参数随潜热恢复变化的规律（Chehayeb et al. 2014）。Kabeel建造的太阳能加湿-除湿海水淡化装置，当蒸发器入口温度达到90℃时，淡水产量可达23 kg/h（Gu, 2013）。Kabeel 和 El-

Said 通过在海水中掺杂 Al₂O₃ 纳米颗粒，对小型太阳能加湿-除湿海水淡化装置进行了实验和模拟研究，其淡水产量为 41.8 kg/d（Chang et al. 2014）。

2005 年，Wang 和 Zhu 提出将太阳能烟囱引入海水淡化系统，通过温室效应对海水进行加热，从而获得蒸发水分（Zhu，2005；Wang et al. 2006）。Zuo 等建立了小型太阳能烟囱海水淡化实验装置，太阳能集热器面积为 1.45 m²，既能发电又能产生淡水，最大淡水生产率达到 174.3 g/（h·m²）（Zuo et al. 2012）。

本研究提出了一种新型的太阳能烟囱加湿-除湿海水淡化系统（SCHDHSD）。SCHDHSD 系统的示意图见图 1。该系统由五个主要部分组成：内烟囱、外烟囱、倾斜太阳能集热器、水平太阳能集热器和冷凝器。新鲜海水沿着倾斜板流动，并在倾斜太阳能集热器内蒸发。环境空气分别从倾斜和水平的太阳能集热器进入系统，来自水平太阳能集热器的上升气流进入内烟囱，来自倾斜太阳能集热器的湿气流进内外烟囱之间。内外烟囱内的热空气与内外烟囱内的湿空气混合，通过冷凝器冷凝成淡水，剩余空气从外烟囱出口排出。

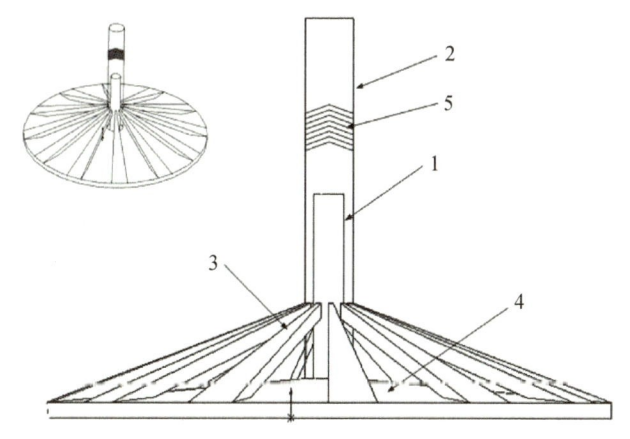

1—内烟囱；2—外烟囱；3—倾斜太阳能集热器；4—水平太阳能集热器；5—冷凝器。

图 1　太阳能烟囱加湿 - 除湿海水淡化系统示意图

2　数学模型

2.1　太阳能收集器

模拟使用了六个假设：（1）稳态条件；（2）忽略集热器入口的气流速度；（3）倾斜的太阳能集热器与烟囱呈中心对称，每个烟囱吸收相同的太阳辐射；

（4）集热器下方不发生蒸发或冷凝；（5）集热器空气的垂直温度分布恒定；（6）忽略集热器入口处气流到环境空气的能量损失。

1. 水平式太阳能集热器

连续性方程式：

$$\frac{\partial \rho}{\partial t} + \frac{1}{r}\frac{\partial}{\partial r}(\rho r v_r) = 0 \tag{1}$$

动量方程式：

$$\frac{\partial}{\partial t}(\rho v_r) + \rho v_r \frac{\partial v_r}{\partial r} = -\frac{\partial \rho}{\partial r} + \mu\left\{\frac{\partial}{\partial r}\left[\frac{1}{r}\frac{\partial}{\partial r}(r v_r)\right]\right\} \tag{2}$$

能量方程式：

$$\frac{\partial}{\partial t}(\rho c_p T) + \frac{\partial}{\partial r}(c_\rho \rho v_r T) = \frac{\partial S_\phi}{\partial t} \tag{3}$$

2. 倾斜式太阳能集热器

倾斜的太阳能集热器的动量方程可修正为

$$\frac{\partial}{\partial t}(\rho V'_r) + \rho V_{r'} \frac{\partial V'_r}{\partial r'} = -\frac{\partial \rho}{\partial r'} - \rho g'_r + \mu\left[\frac{\partial}{\partial r'}\left(\frac{1}{r'}\frac{\partial}{\partial r'}\right)\right] \tag{4}$$

其中，ρ 为密度，v 为速度，r 为半径，V 为体积，T 为温度，c_p 为系数。

2.2 烟囱

下文描述的模型基于以下假设：（1）假定 Boussinesq 近似有效；（2）忽略烟囱壁的能量损失；（3）忽略内外烟囱连接段的能量损失；（4）忽略涡轮机后的湍流。

连续性方程式：

$$\frac{\partial \rho}{\partial t} + \frac{\partial}{\partial z}(\rho v_z) = 0 \tag{5}$$

动量方程式：

$$\frac{\partial}{\partial t}(\rho v_z) + \rho v_z \frac{\partial v_z}{\partial z} = -\frac{\partial \rho}{\partial z} - \rho g_z + \mu \frac{\partial^2 v_z}{\partial z^2} \qquad (6)$$

能量方程式：

$$\frac{\partial}{\partial t}(c_\rho \rho T) + \frac{\partial}{\partial z}(c_\rho \rho v_z T) = 0 \qquad (7)$$

2.3 蒸发和冷凝

采用四个假设来计算淡水生产力：（1）水平和倾斜太阳能集热器入口的空气湿度为零；（2）水平太阳能集热器中的太阳能会加热气流；（3）倾斜太阳能集热器中的太阳能用于加热海水、集热器盖和倾斜板，其余能量用于产生潮湿气流；（4）冷凝器出口的空气湿度为零。

根据该假设，可以得到以下方程：

$$\Delta H = S_2 - Q_W - Q_C - Q_f - Q_a \qquad (8)$$

蒸发的海水和生成的淡水可根据以下公式获得：

$$m_f = m_e = \frac{Q_w}{\Delta H} \qquad (9)$$

3 研究结果和讨论

3.1 系统性能

在 900 W/m² 太阳辐射和 293 K 环境温度下，研究了与西班牙太阳能烟囱发电厂原型（Haaf，1984）尺寸相同的 SCHDHSD 系统。根据所建立的数学模型计算了 SCHDHSD 系统的性能，结果如图 2 所示。可以看出：（1）海水温度逐渐升高；（2）如图 1 所示的横截面积减小，气流减小；（3）从集热器入口到出口含水量逐渐增加；（4）蒸发海水量沿集热器急剧增加。

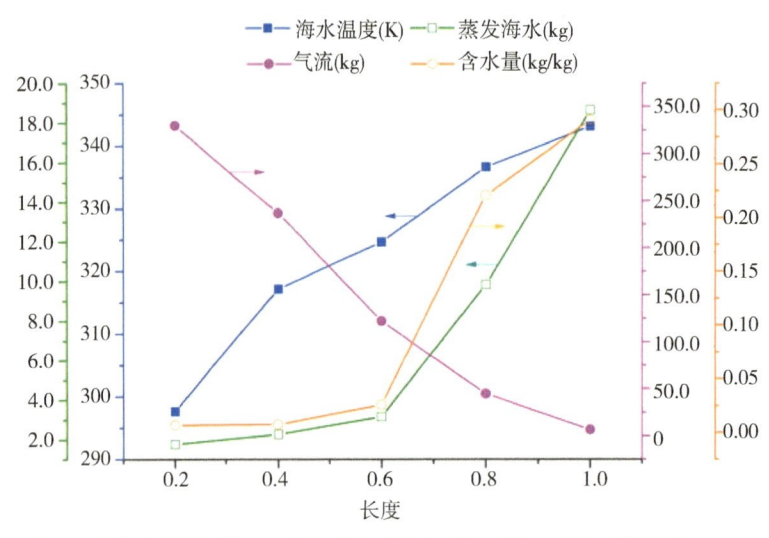

图 2 SCHDHSD 系统从集热器入口到出口的海水温度、蒸发海水、气流和含水量变化趋势

3.2 瞬态性能分析

以兰州市气象条件为例，对 SCHDHD 系统的瞬态性能进行了模拟。兰州每月太阳辐射、环境温度和湿度见表 1。

表 1 兰州气象情况

月份	太阳辐射（MJ/m²）	环境温度（℃）	环境湿度（%）
1	234.13	0.9	52
2	304.46	5.8	50
3	433.10	12.6	41
4	511.67	19.6	39
5	604.66	23.8	48
6	598.66	27.3	54
7	589.45	28.8	62
8	542.93	28.0	62
9	423.75	22.0	73
10	333.29	16.8	66
11	241.25	9.0	64
12	207.82	1.9	59

SCHDHSD 系统每月的热效率如图 3 所示。从图中可以看出，最高热效率出现在 6 月份，达到 58%。

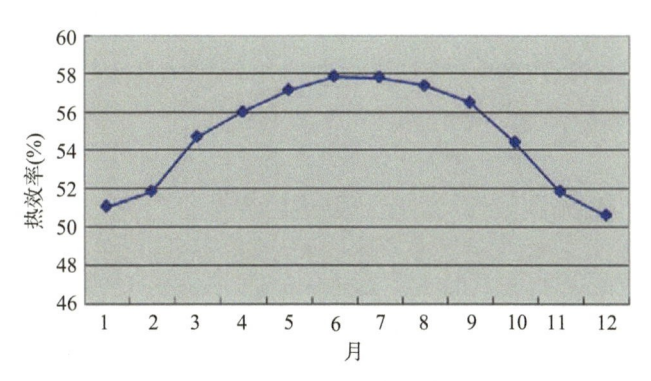

图 3　SCHDHSD 系统全年的热效率

SCHDHSD 系统每月的淡水生产率如图 4 所示。从图中可以看出，6 月份的淡水生产率最高，达到 1.51 kg/h。1 月份最低，淡水生产力也超过了 1.0 kg/h。年平均淡水生产力为 1.32 kg/h。

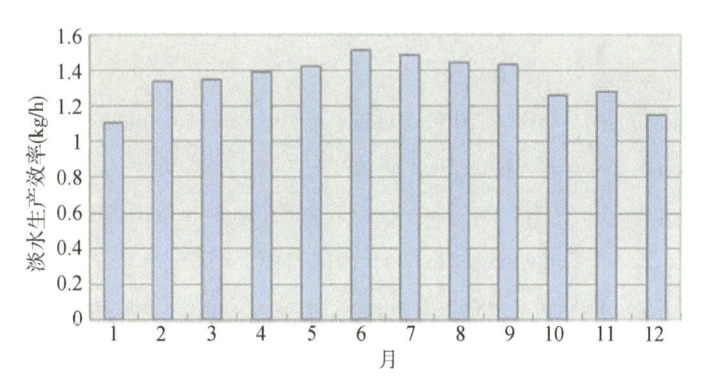

图 4　SCHDHSD 系统全年的淡水生产力

4　结论

太阳能海水淡化是解决淡水资源短缺问题的一种有效方法。本文提出了一种新的 SCHDHSD 系统，建立了系统性能分析的数学模型。以兰州为例，以西班牙太阳能烟囱发电厂为配置，对月淡水产量进行模拟。本研究得出以下结论。

（1）海水温度逐渐升高，但由于横截面面积减少，气流下降，导致从集热器入口到出口的含水量上升。

（2）最高的热效率是在 6 月，达到 58%。

（3）该系统的最大淡水产量为 1.51 kg/h，平均淡水产量为 1.32 kg/h。

致谢： 本研究由国家自然科学基金（51506043），中央大学基础研究基金（No.2019B21914）和河海大学"大禹学者"基金资助。

参考文献

Chang ZH, Zheng HF et al （2014） Experimental investigation of a novel multi-effect solar desalination system based on humidification-dehumidification process. Renew Energy 69:253–259.

Chehayeb KM, Narayan GP et al （2014） Use of multiple extractions and injections to thermodynamically balance the humidification dehumidification desalination system. Int J Heat Mass Transf 68:422–434.

Gu F （2013） Research on humidification-dehumidification solar water desalination technology. Jiangsu University, Zhenjiang.

Haaf W （1984） Solar chimneys, part II: preliminary test results from the Manzanares pilot plant. Int J Solar Energy 2（2）:141–161.

Sievers M, Lienhard VJH （2013） Design of flat-plate dehumidifiers for humidification dehumidification desalination systems. Heat Transf Eng 34（7）:1–19.

Sievers M, Lienhard VJH （2015） Design of plate-fin tube dehumidifiers for humidification-dehumidification desalination systems. Heat Transf Eng 36（3）:223–243.

Wang YP, Wang JH et al （2006） The study of sea desalination and hot wind electric power integrated system by solar chimney. Acta Energiae Solaris Sinica 27:731–736 （in Chinese）.

Zhu L （2005） A systematic study on economic comprehensive utilization of seawater by solar chimney. Tianjin University, Tianjin.

Zuo L, Yuan Y et al （2012） Experimental research on solar chimneys integrated with seawater desalination under practical weather condition. Desalination 298:22–33.

内蒙古乌梁素湖挺水植物对水体恢复的影响

Mangmang Gou, Xiaoqing Xu, Xing Li, Rong Ren

摘要：为研究挺水植物对 COD（化学需氧量）、氮、磷的去除能力，以内蒙古乌梁素湖 3 种水生植物（香蒲、茭白和莺尾）为研究对象，采用不同浓度组合的 TN／TP／COD 溶液（T1：2.0／0.4／40 mg L^{-1}，T2：4.0／0.8／80 mg L^{-1}，T3：320／60／8 mg L^{-1}）培养上述水生植物。结果表明：与未种植水生植物情况相比，种植挺水植物后 COD、总氮（TN）和总磷（TP）浓度有所降低。在相同的处理条件下，茭白对 TN 的去除效果最好，莺尾对 TP 的去除效果最好，各种水生植物对 COD 的去除率均在 50％左右，且处理差异不显著。

关键词：水体修复；香蒲；茭白；莺尾；乌梁素湖

湖泊水污染是当今世界面临的一个非常严重的水环境问题，严重危害人类健康和生活环境。我国是一个水资源严重短缺的国家，湖泊水资源问题一直十分突出（Peng et al. 2018）。乌梁素湖位于内蒙古自治区西部，是内蒙古干旱地区最典型的水体富营养化型湖泊（Li et al. 2011）。其水质的恶化使得水华现象时有发生。水华爆发后，藻类产生的毒素会释放到水体中。周边居民的饮用水安全受到极大威胁，严重影响了人民群众的健康。德国学者 Junli 最早在 20 世纪 70 年代指出，种植水生植物会改善水环境，他提出了根区法理论，并引起了全世界环境学者的关注（Junli，2004）。此后，各国政府越来越重视水污染问题。植物在污水净化中发挥的作用得到了学者们的广泛认可（Mulderij et al. 2005）。人工湿地是一种新型的污水生态处理技术，具有投资少、能耗低、优化生态环境等优点，已被广泛应用于富营养化湖泊的治理。其中，挺水植物在污水净化中起着重要作用。恢复和重建人工湿地的关键措施是如何选择合适的水生植物（Cao et al. 2018; Gao et al. 2017）。最近的研究表明，种植芦苇可以缓解乌梁素湖中水体的富营养化（Wei et al. 2016），然而关于乌梁素湖挺水植物的净水能力的研究成果却鲜有提及。本论文通过试验研究了植物生长过程中水质参数的变化，旨在为控制乌梁素湖富营养化提供新思路和重要参考。

1 材料和方法

1.1 试验区域

乌梁素湖位于内蒙古自治区巴彦淖尔市乌拉特前旗，是中国第八大淡水湖，是内蒙古干旱区最典型的富营养化草-藻型浅水湖泊，也是地球上同纬度最大的自然湿地。乌梁素湖不仅在黄河中上游地区的保水、蓄水、调水中发挥着重要的作用，也在调节生态平衡和保护生态环境方面发挥着关键作用。

近年来，乌梁素湖水环境问题十分严重，主要体现在以下几个方面：（1）藻类生长繁殖异常；（2）湖泊沼泽化过程正在加剧；（3）湖泊水体富营养化持续加剧，水质持续恶化；（4）水位、水深不断下降；（5）物种资源的数量和质量正在下降；（6）旅游业发展受阻，制约区域经济发展。

1.2 试验材料

试验用三种大型挺水植物（香蒲、茭白、鸢尾）由某水体生态景观公司培育。采摘生长良好、大小合适的植株作为试验材料，在冲洗后进行了 30 d 适宜性培养。试验是在花盆中进行的，花盆直径 45 cm，高 30 cm。本实验以乌梁素湖湖底沉积物为底质，厚度为 25 cm。在综合考虑乌梁素湖富营养化情况后，对试验水质进行了 3 级分配，具体见表 1。

表 1 水质人工模拟

等级	V	V1	V2
方案	T1	T2	T3
COD	40	80	160
TP	0.4	0.8	1.6
TN	2.0	4.0	8.0

1.3 试验设计

试验在人工湿地试验场进行，时间为 5 月至 9 月。植被的种植密度如下。香蒲：4 株 / 桶，茭白 6 株 / 桶，鸢尾 4 株 / 桶。将每株植物都当作一个水质处理单元，每次水质处理进行 3 次重复试验，每 7 天补水一次，补水量 10 L，有效水深 20 cm。补给水之前收集污水，每次收集 100 mL。在取水当天采集水质指标（COD、TP、TN）。去除率计算公式 $R=100（C_i-C_0）/C_i×100\%$。其中，C_i 为种植前的水质，C_0 为种植后的水质。

1.4 指标检测

水质采用《水和废水监测分析方法》（第四版，增补版，2002 年）中的方法测定。氧化 TN 采用过硫酸钾 – 紫外分光光度法。采用钼锑抗分光光度法对 TP 进行测定。COD 采用重铬酸钾法测定。

1.5 数据分析

用 Excel2007 记录测试数据，并使用 SAS9.0 软件进行统计分析和方差分析。

2 结果和分析

从图 1 至图 3 可以看出，三种挺水植物对水体的恢复有显著效果。

2.1 不同生长阶段 TN、TP 净化效果比较

从整个生长期的角度来看（图 1 和 2），与处理前水质相比，随着三种挺水植物的生长，总氮和总磷的去除率显著提高。与种植初期相比，8—10 月去除率较高，TN 去除率为 27% ~ 47%。TP 去除率为 28% ~ 57%，其中，9 月份最高，去除率均超过 30%。从污水浓度来看，随着污水浓度的增加，去除率先增大后减小。从挺水植物的角度看，茭白对 TN 的去除效果最好，去除率高达 47%，其次是香蒲和鸢尾。鸢尾对 TP 的去除效果最好，去除率高达 57%。随着植物生长和密度的增加，对水体中 TN 和 TP 的吸收能力降低。

2.2 不同生长阶段 COD 净化效果比较

从整个生长期来看（图 3），与处理前的水质相比，随着三种挺水植物的生长，COD 的去除率显著提高。与早期种植相比，8—10 月去除率较高，COD 去除率为 48% ~ 59%。从污水浓度来看，随着污染物浓度的增加，COD

去除效率也随之提高。就植物种类而言，各植物对相同浓度下污水的 COD 去除率差距不显著。

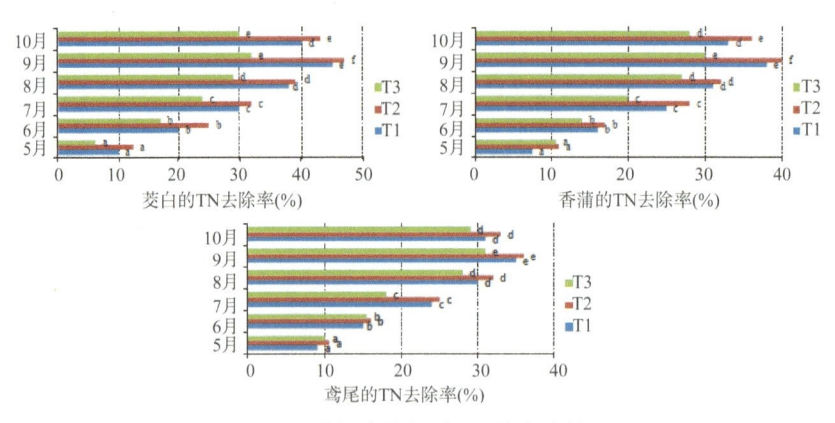

图 1　三种挺水植物对 TN 的去除效果

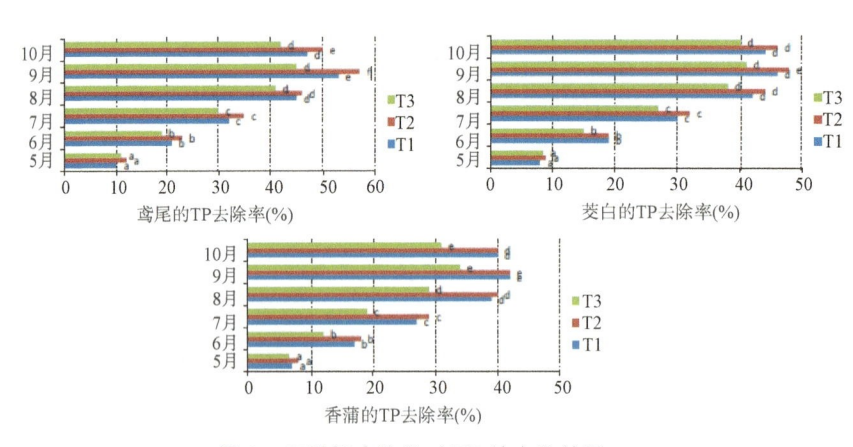

图 2　三种挺水植物对 TP 的去除效果

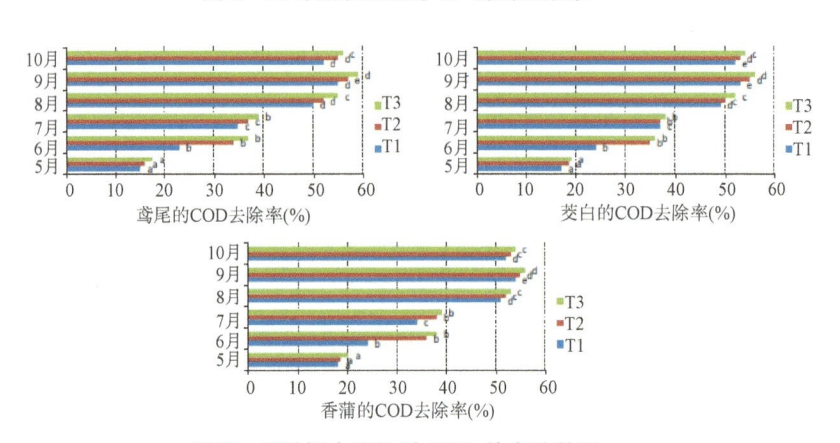

图 3　三种挺水植物对 COD 的去除效果

3 结论和讨论

如今，湖泊和河流的水污染问题越来越严重，严重影响人类健康和生活环境。研究水生植物以控制水体富营养化基于以下两方面：一方面，挺水植物可以吸收去除氮、磷等污染物；另一方面，新生植物通过从植物根部释放氧气和分泌物来加速污染物的分解。由此可见，它们在净化水质方面发挥着重要作用。在本研究中，笔者在植物的整个生长期进行了水质监测。结果表明，植物生长期的净水效果最好，对 TN、TP 和 COD 的去除率分别为 47%、57% 和 59%，净水效果更为显著。本研究结果与 Dornelas 等人（2009 年）和 Zhao 等人（2016 年）的结果一致。不同种类植物在养分吸收能力、根系生长分布等方面存在差异，导致净化效果不同。茭白是一种多年生水生植物，具有根系发育和活力强的特点。Li 等人（2010）发现，茭白的根结构能输送更多的氧气和养分，有利于氨氧化菌的形成，减少水中氮的积累，达到净化水质的效果，这与本研究的结果相同。本研究结果表明，鸢尾对 TP 的去除效果是最好的，这与 Yuan（2017）的结论类似。定期采集植物可以转移和去除水体中的氮和磷，以达到去除 TN 和 TP 的目的。植物对水的净化效果受各种因素的影响，如污水负荷、停留时间、水质浓度和湿地类型。在本研究中，设计了三个污染物浓度水平。随着浓度的增加，TN 和 TP 的去除效果先升高后降低。在一定的污水浓度下，植物的净化效果显著。当污染物浓度越高，去除效果越差。这主要是因为植物生长在高污染物浓度溶液中受到压力。这与 Ling 等人（2012）的研究结果相似。

致谢：支持基金：1. 内蒙古自治区自然科学基金（KCBJ2018008）；2. 内蒙古机电职业技术学院科学基金（NJDZJZR1701）。

参考文献

Cao K, Ding H, Deng C（2018）Purification effects of wetland aquatic plants on eutrophic water. J Biol（6）:29–32.

Dornelas M, Moonen AC, Magurran AE et al（2009）Species abundance distributions reveal environmental heterogeneity in modified landscapes. J Appl Ecol 46（3）:666–672.

Gao Y, Chen T, Zhang Y et al（2017）Eutrophicated water quality improvement by combination of different organisms. Chin J Environ Eng 11（6）:3556–3563.

Kang J L (2004) Feasibility study on constructed wetland ecology system in waste water reuse. Environ Sanitation Eng (2):114–117.

Li EH, Li W, Wang XL et al (2010) Experiment of emergent macrophytes growing in contaminated sludge: implication for sediment purification and lake restoration. Ecol Eng 36 (4):427–434.

Li X, Yang Q, Gou M (2011) Temporal and spatial distribution of water quality in Lake Wuliangsuhai, Inner Mongolia. Ecol Environ Sci 20 (8–9):1301–1306.

Ling Z, Yang J, Yu G et al (2012) Study on the effect of sewage concentration on treatment efficiency of artificial wetland of plateau lake. J Hydroelectric Eng 31 (5):133–153.

Mulderij G, Mooij WM, Smolders AJP et al (2005) Allelopathy inhibition of phytoplankton by exudates from Stratiotes aloides. Aquat Bot 82 (4):284–296.

Peng W, Liu X, Wang Y et al (2018) Review and prospect of progress in water environment and water ecology research. Shuili Xuebao 49 (9):1055–1067.

Wei J, Wang L, Liu D et al (2016) On the decomposition dynamics and nutrient release of Phragmites australis litter in Wuliangsu Lake. J Saf Environ 16 (5):364–370.

Yuan J, Dong L, Yang J et al (2017) Study on purification effect of nitrogen and phosphorus in eutrophic river water by six emerged plants. Environ Sci Manage 42 (4):75–83.

Zhao Y, Tian Y, Huang D et al (2016) The seasonal variation performance of vertical subsurface flow constructed wetlands with four plants under different influent C/N ratios. Acta Sci Circumst 36 (1):193–200.

黄河源区生态供水服务对土地覆盖变化的响应

Aihong Gai, Liping Di, Junmei Tang, Liying Guo, Huihui Kang

摘要：本文利用 Landsat TM 影像提取的 1990 年、2000 年和 2010 年的土地利用数据，应用 InVEST 模型对黄河源区的供水量进行了模拟。然后利用 CA-Markov 模型对 2020 年的土地覆盖进行模拟，并基于 2020 年的土地覆盖对 2020 年的供水进行预测。结果表明：1990—2000 年黄河源区土地覆盖类型以草地为主，土地覆盖早期主要由高生态水平向低生态水平快速变化；但 2000—2010 年，植被面积下降速度明显减缓，表现为由退化向恢复转变。不同土地覆盖类型单位面积供水能力排序为灌木、建设用地、高盖度草地、中盖度草地、裸地、林地、低盖度草地、耕地和湿地。供水能力分布为从若尔盖、红原县东南部的高值区向曲麻莱县、称多县、玛多县西北部的低值区过渡。1990—2010 年黄河源区水源供水量呈增加趋势，预计 2020 年该区域的生态供水能力总体呈增加趋势，其中东南部呈增加趋势，西北部呈下降趋势。

关键词：地理信息系统和遥感技术；建模；土地覆盖变化；供水；黄河源区

1 引言

土地利用变化是人类经济社会发展的直接反映，是全球环境变化与可持续发展研究的主要内容（Aihong Gai et al. 2015）。近年来，随着生态系统服务研究的快速发展，供水服务因为其对生态系统的重要性，其变化及其影响机制开始受到关注（Shimei Li，2010）。

黄河是我国第二大河流，也是我国北方和西北地区最重要的水源。黄河源区水资源的变化将直接导致整个流域生态、水文和经济社会方面的变化（Ying Wang，2013）。有学者认为生态系统供水量的下降可能是导致径流量减少的主要因素。然而，黄河源区生态系统的供水服务发生了何种变化尚不清楚（Tao Pan，2013）。目前，许多学者已经开始使用CA-Markov、GUMBO和InVEST等模型预测土地利用/覆盖变化趋势，研究生态系统功能及其变化过程及相互作用（Zhiming Li，2017）。本文基于InVEST模型，对黄河源区1990年、2000年和2010年的供水情况进行了模拟评估。利用CA-Markov模型对2020年的土地覆盖进行模拟，为探讨土地覆盖变化对供水的影响提供依据。该模型可为黄河源区的生态保护和建设提供科学依据。

2　材料与方法

2.1　研究区域概况

黄河源区位于青海、甘肃、四川三省交界处黄河干流唐乃亥水文站以上，面积约121 900 km^2，海拔2 902～6 070 m，属高原湖泊、沼泽地貌。黄河源区其地形变化平缓，表现为侵蚀较强的山地地貌、侵蚀较弱的高原低丘地貌以及湖泊盆地和河谷。

研究区域属半干旱半湿润气候，温度较高。年平均降雨量在320.0~750.5 mm。源区自然环境多样，高寒植被分布广泛。

2.2　数据来源与处理

本研究需要的主要数据包括土地覆盖数据、气候数据和土壤数据。土地覆盖数据（1990年、2000年和2010年，空间分辨率为1 km）来自中国科学院资源环境科学与数据中心。基于刘纪远的《2010—2015年中国土地利用变化的时空格局与新特征》（Jiyuan Liu，2018），根据研究内容和黄河源区的实际情况进行分类（表1）。

气候数据来自中国气象局（http://www.cma.gov.cn）。数字高程模型（DEM）数据来源于中国科学院资源环境科学与数据中心，空间分辨率为1 km。土壤数据来自第二次全国普查数据。归一化植被指数（NDVI）由以月为时间尺度、1 km空间分辨率的地理空间数据云（http://www.gscloud.cn/）的

MODIS 合成产品导出。

表 1 黄河源区土地覆盖类型

项目	土地分类编号及名称		
编号	1	2	3
名称	农田	林地	高覆盖度草地
编号	4	5	6
名称	中覆盖度草地	低覆盖度草地	湿地
编号	7	8	9
名称	建设用地	灌木	裸地

2.3 研究区域

有学者对1990年、2000年和2010年不同时期不同土地覆盖类型的状况进行定量分析，并分析其转移路径和范围，以表征黄河源区生态系统的变化现状和方向（Quanqin Shao，2010）。本研究在前人研究方法的基础上，确定林地、高覆盖度草地、湿地和灌木四种生态系统类型，计算土地覆盖状况指数：

$$Z = C_i / A \times 100\%$$

式中：C_i表示覆盖类型的面积；A为研究区域总面积。

InVEST 模型是由斯坦福大学、明尼苏达大学、大自然保护协会和世界自然基金会（WWF）共同开发的一种生态系统服务综合评价模型，可用于量化多种生态系统服务（Heather Tallis，2015）。蒸散发部分计算基于 Baopu Fu（1981）和 Yongqiang Zhang（2004）提出的基于 Budyko 曲线（Yifeng Li，2013）的近似算法。具体算法如下：

$$Y_{xj} = (1 - AET_{xj} / P_x) \times P_x$$

$$AET_{xj} / P_x = (1 + W_x + R_{xj}) / 1 + W_x + (1 / R_{xj})$$

$$W_x = Z \times (AWC_x / P_x)$$

$$R_{xj} = (k_{xj} \times ET_0) / P_x$$

式中：Y_{xj}为j型景观类型x单元的年供水量；AET_{xj} / P_x为实际蒸散量与降水量之比；R_{xj}为景观类型x单元上的Budyko Drying指数，定义为潜在蒸散量与降水的比值；W_x 为植被年需水量与降水量的比值；Z 是一个常数，通常取5。

CA-Markov 模型的优点是结合了 Markov 模型的时间维度分析和 CA 模型在空间维度分析方面的优点。具体预测过程如下。

（1）以2000年为预测起点，以2000年土地利用分布数据为初始状态，以 1990—2000 年土地利用类型间的过渡面积作为 Markov 状态转移概率矩阵的元素。（2）适宜性地图集的建立：应用 MCE 对不同标准进行整合，获得不同土地类型的适宜性图，合并成适宜性地图集，参与土地利用变化预测。（3）参数设置：以2000年为预测时间起点，设置5个5单元滤波器，对2010年土地利用空间分布进行预测。在预测精度较好的情况下，以2010年为起点，对2020年土地利用空间分布进行预测。

3 结果与分析

3.1 研究区土地覆盖结构分析

黄河源区土地覆盖类型以草地为主，高、中、低覆盖度草地面积较大，占研究区总面积的一半以上。1990—2010年，林地、中盖度草地、低盖度草地和灌木面积呈减少趋势；林地面积由1990年的1 263 km² 减少到2000年的1 236 km²。2010年，中覆盖度草地面积继续减少，但减少速度较1990—2000年有所减缓。1990年低覆盖度草地面积为 29 754 km²。到2000年，减少 345 km²，占比减少 0.28%。到2010年，低盖度草地面积又减少了 200 km²。1990—2000年，灌木面积减少 73 km²，减少幅度为 0.75%。2010年仅比2000年减少 12 km²，减少了 0.12%。1990年，黄河源区高盖度草地面积占土地总面积的 14.55%。2000年，面积所占比例略有增加，为 17.59%，到2010年，面积减少 390 km²，减少 1.81%。从1990年到2010年，农田、湿地和裸地面积增加。农田面积增加 53 km²，增加 11.60%；2000年湿地面积较1990年增加 330 km²，到2010年增加 4.70%；研究区农田和建设用地面积最小（见表2）。

表2 1990—2010年黄河源区土地覆盖状况

编号	1990		2000		2010	
	面积（km²）	占比	面积（km²）	占比	面积（km²）	占比
1	457	0.37	463	0.38	510	0.42

续表

编号	1990 面积（km²）	1990 占比	2000 面积（km²）	2000 占比	2010 面积（km²）	2010 占比
2	1 263	1.03	1 236	1.01	1 231	1.00
3	17 869	14.55	21 605	17.59	21 215	17.27
4	40 939	33.34	37 300	30.37	37 203	30.29
5	29 754	24.23	29 409	23.95	29 209	23.78
6	8 120	6.61	8 450	6.88	8 502	6.92
7	9 774	7.96	9 701	7.90	9 689	7.89
8	68	0.06	66	0.05	85	0.07
9	14 564	11.86	14 575	11.87	15 169	12.35

注：由于计算中的四舍五入，占比之和可能不一定恰好等于100%。

3.2 供水变化的时空差异

InVEST供水模型用来评估1990年、2000年和2010年三个阶段的不同供水水平（见图1）。从三个不同的供水空间分布地图可以看出，研究区生态供水是从东南到西北呈下降趋势。

1990年高供水区主要分布在研究区东南部的若尔盖、阿坝县、玛曲县和久治县东南部。研究区北部曲麻莱县和西北部兴海县是低供水区。2000年，研究区供水高值区较1990年略有扩大，主要分布在研究区南部、达日县南部以及久治县、玛曲县、阿坝县和红原县南部。曲麻莱县、玛多县西北部、兴海县东北部、同德县西北部供水也有上升趋势。到2010年，高供水功能区扩大到源区中部，但主要仍分布在研究区南部的阿坝、红原、久治等县。1990年、2000年和2010年黄河源区平均供水量分别为126.78、186.15和228.25 mm。1990年源区总供水量为1.51×10^7 t，2000年增加至2.26×10^7 t。截至2010年，黄河源区总供水量为2.7×10^7 t。可见近20年来，黄河源区总供水量呈增长趋势。

(a）1990 年供水图　　　　（b）2000 年供水图

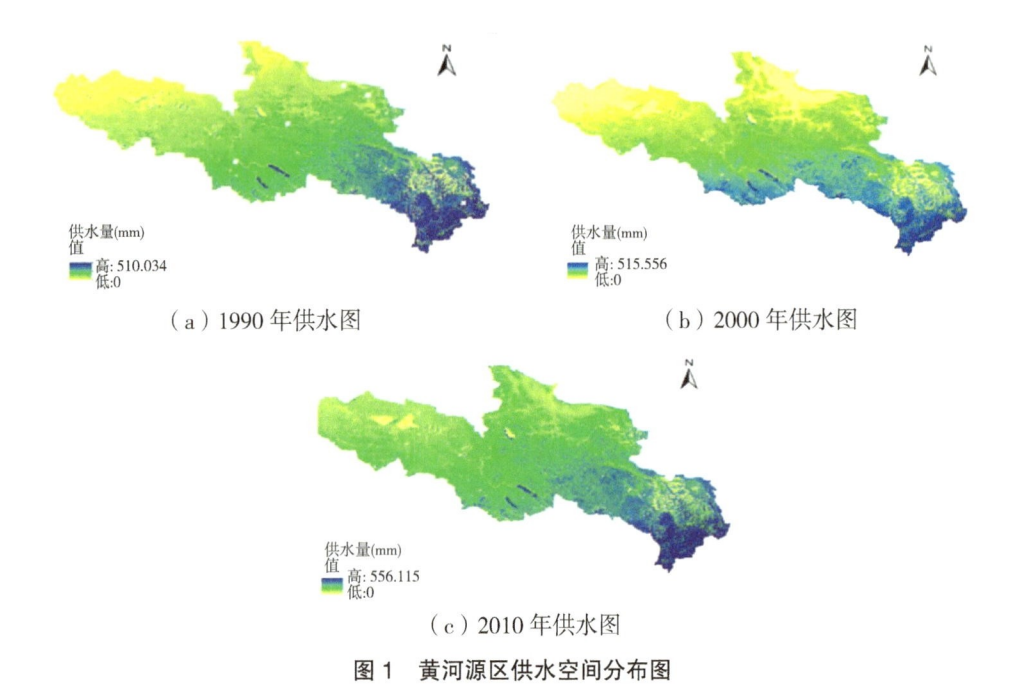

（c）2010 年供水图

图 1　黄河源区供水空间分布图

3.3　黄河源区土地覆盖类型分区统计比较

通过比较各土地类型的平均供水量，发现不同土地覆盖类型的供水量在不同时期存在差异。1990 年建设用地供水量最高，为 250.91 mm。到 2000 年，供水减少了 47.82 mm。2010 年，建设用地供水量增加 87.62 mm。农田平均供水量由 1990 年的 45.75 mm 增加到 2000 年的 89.74 mm。到 2010 年，平均供水量增加了 47.26 mm。灌木的平均供水量也很高，1990 年为 223.11 mm，2000 年增加了 17.16 mm，2010 年，供水增加到 301.69 mm。1990 年源区高覆盖度草地供水量为 185.35 mm。2000 年，供水增加了 81.23 mm，2010 年供水量增加了 32.28 mm。中覆盖度草地平均供水量由 1990 年的 133.98 mm 增加到 2000 年的 165.68 mm，到 2010 年增加了 74.49 mm；1990 年低盖度草地平均供水量为 107.37 mm，1990—2000 年和 2000—2010 年分别增加 80.19 mm 和 23.26 mm。1990 年湿地平均供水量为 52.32 mm，1990—2000 年增加了 51.84 mm。从 2000 年到 2010 年，供水量的增长减缓到 34.10 mm。1990—2010 年，裸地平均供水量持续增加。

总体来看，黄河源区高覆盖度草地、低覆盖度草地和裸地的平均供水量发生了明显变化。高覆盖度草地平均供水量增加 113.51 mm，低盖度草地平均供水量增加 103.45 mm，裸地平均供水量增加 103.36 mm。

截至 2010 年，灌木平均供水量最高，为 301.69 mm，其次为高覆盖度草地和建设用地，分别为 298.86 mm 和 290.71 mm；农田平均供水量最低，为 93.01 mm。

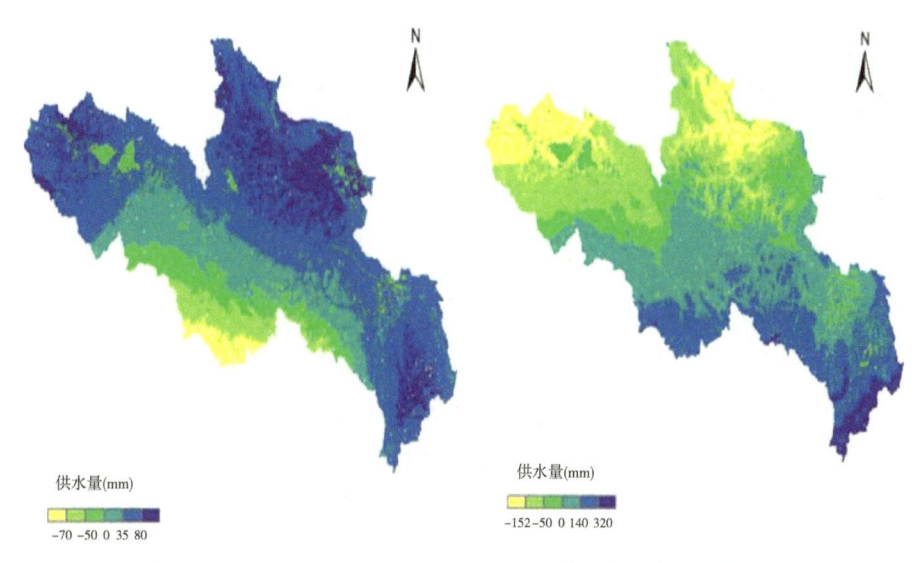

图 2　1990—2000 年和 2000—2010 年供水量变化的空间分布

从 1990—2000 年供水量的空间变化来看，供水量变化主要呈上升趋势，从东南到西北呈从增加到减少的趋势。供水量减少大于 152 mm 的区域主要分布在西北部和北部。供水量变化大于 160 mm 的区域主要位于研究区东南部。从 2000—2010 年供水量的空间变化来看，黄河源区整体供水量有所增加，但增加趋势不明显。2000—2010 年与 1990—2000 年相比，增长幅度较大。供水量增加大于 80 mm 的地区主要分布在研究区西北部、东北部和东南部，包括红原、同德、泽库和曲麻莱等县。供水量减少超过 30 mm 的地区集中在研究区西南部的达日县等（见图 2）。

3.4　CA-Markov 模型预测覆盖率数据

利用 CA-Markov 模型对黄河源区 2010 年的土地覆盖进行了模拟。模拟结果与 2010 年的土地覆盖数据进行了比较。经过 Kappa 系数检验，预测精度为 88%，预测结果质量较好，基本符合实际，据此对 2020 年研究区土地覆盖数据进行预测（见表 3）。

表3 2020年黄河源区土地覆盖情况

土地类型	面积（km²）	占比
农田	510	0.41
林地	1 240	1.01
高覆盖度草地	21 635	17.60
中覆盖度草地	36 765	29.91
低覆盖度草地	29 265	23.81
湿地	8 571	6.92
建设用地	9 701	7.89
灌木	71	0.06
裸地	15,173	12.34

注：由于计算中的四舍五入，占比值之和可能不一定恰好等于100%。

2020年，土地利用覆盖结构显示，草地仍是研究区主要的覆盖类型，占研究面积的71.31%。其中，中等盖度草地面积最大，高盖度草地面积所占比例最小。其次是裸地，再次是建设用地和湿地，最后是林地、农田和灌木。

从2010年的土地覆盖情况来看，到2020年，黄河源区各类土地的覆盖将有所增加或减少，但总体发展方向是好的。其中农田保持不变，林地、高覆盖度草地、低覆盖度草地、湿地均有不同程度的增加。低覆盖度草地面积增加56 km²，湿地面积增加69 km²。高覆盖度草地面积增加，草地面积增加420 km²，增长1.98%；中度覆盖草地面积将减少438 km²，减少率为1.18%。建设用地面积和裸地面积略有增加，但变化幅度不显著。

3.5 土地覆盖变化与供水功能

可以看出，从1990年到2010年，不同类型植被单位面积供水量随着时间的推移有所增加或减少。结合三个阶段供水量的平均值可以看出，建设用地面积供水量最高，其次是灌木和高覆盖度草地（见表4）。

表4 黄河源区不同覆盖类型不同时期单位面积供水量（单位：10^2 t）

土地类型	1990	2000	2010	平均值
农田	0.44	0.36	0.46	0.42
林地	0.85	1.16	1.68	1.23
高覆盖度草地	1.80	2.75	3.30	2.62
中覆盖度草地	1.30	1.67	2.07	1.68

续表

土地类型	1990	2000	2010	平均值
低覆盖度草地	0.10	0.18	2.06	0.78
湿地	0.10	0.32	0.49	0.30
建设用地	2.20	2.82	3.47	2.83
灌木	2.47	1.81	3.62	2.63
裸地	0.76	1.30	1.90	1.32

从不同县域土地覆盖变化对供水的影响来看，黄河源区南部的红原县、达日县等供水量高于北部的同德、泽库等县供水量。供水量变化从东南向西北呈递减趋势，各县供水量在不同时期呈递增和递减趋势。

从1990年到2000年，同德、若尔盖、曲麻莱等县的供水量有所减少，说明供水功能下降。结合土地覆盖变化，同德县草地面积增加了19 km^2，湿地面积增加了4 km^2。阿坝县、红原县、玛曲县、玛多县和达日县供水量显著增加，林地面积减少，草地面积减少了15 km^2，裸地面积增加了8 km^2。玛多县林地面积减少8 km^2，灌木面积减少10 km^2，高、低盖度草地面积减少，中盖度草地面积增加，裸地面积相对减少，导致供水量小幅增加。达日县林地、低覆盖率草地和湿地面积减少104 km^2。

2000—2010年若尔盖县、兴海县供水量均有所增加，但增幅较小，供水功能有所改善。若尔盖县高覆盖率草地和湿地面积分别减少117 km^{2}和30 km^2。红原县林地面积减少5 km^2，草地面积减少80 km^2，裸地面积增加。同德县农田面积减少17 km^2。由于农田耗水量大，供水量增加。达日县供水量增加。结合土地覆盖变化，发现低、中盖度草地面积增加了14 km^2，高盖度草地面积增加了89 km^2。

利用InVEST模型对2020年源区水源供水服务进行评价，可以看出，高供水功能区仍分布在源区阿坝、红原、玛曲等县的西北部，低供水区分布在曲麻莱县西北方向、玛多县西北方向、若尔盖县东部与玛曲县交界处等。研究区2020年供水量的分布预计与2010年基本上保持一致，但总供水量将比2010年略有增加，达到2.77×10^7 t，其中农田、高覆盖度草地、中覆盖度草地和灌木的供水量会有所增加，但低覆盖度草地、林地、湿地、建设用地和裸地将会减少供水量。

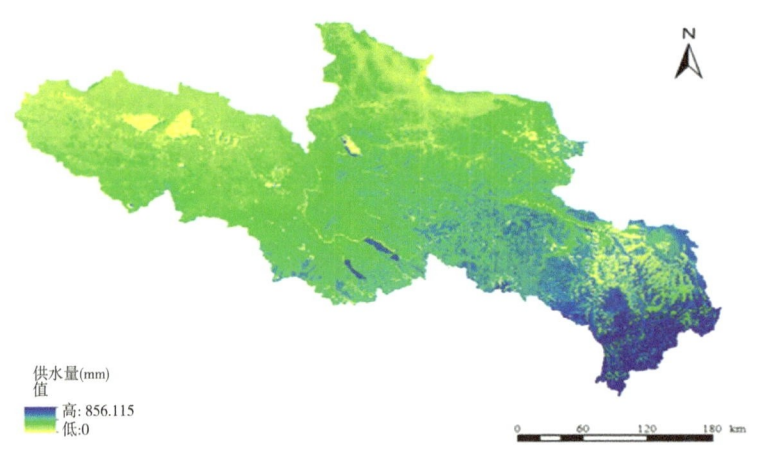

图3　2020年黄河源区供水量空间分布

4　结论与讨论

1990—2010年黄河源区土地覆盖和生态系统状况经历了先退化后恢复的过程。1990—2000年期间，林地、中盖度草地、低盖度草地和灌木面积呈减少趋势。在恢复后期，研究区湿地面积增加，其余覆盖类型的面积减少率大大降低。基于这3个阶段的土地覆盖变化，利用CA-Markov模型对黄河源区2020年的土地覆盖进行了模拟。结果表明：研究区林地、高盖度草地、低盖度草地、湿地、裸地和建设用地呈上升趋势，灌木、中盖度草地面积呈减少趋势，农田面积保持不变。

在1990年、2000年和2010年，高供水功能地区是位于东南部的若尔盖县和红原县，而低供水功能地区是位于西北的曲麻莱县、玛多县，但1990年研究区整体水资源供给功能较低。2010年，供水量高的区域扩大到研究区的西北方向，整体供水功能大大增强。

从1990年到2010年，黄河源区的水源供应功能由东南向西北呈现递减的趋势。1990—2000年供水量空间变化减少的地区主要集中在研究区西北部和北部；增加区主要位于研究区东南部。从2000年到2010年，供水增加的范围与1990年到2000年略有不同。供水减少的范围主要集中在研究区西北、东北、东南、西南角的同德、泽库、达日等县。

黄河源区不同植被类型单位面积供水量由高到低依次为：建设用地＞灌木＞高盖度草地＞中盖度草地＞裸地＞林地＞低盖度草地＞农田＞湿地。建设用地单位面积供水量很大，但大部分水没有得到有效利用，成为径流或流入地下管网。同时，林地具有较大的水分蒸散量。单位面积林地比农田和低盖度草地流失更多的水分。

2020年，高供水值服务区仍分布在源区阿坝、红原、玛曲等县的西北部，低供水功能区分布在曲麻莱县、玛多县的西北方向。在若尔盖县东部和玛曲县交界处，水源供应有所增加，供水功能略有增强，呈现东南、西北供水量高的状态。农田、高盖度草地、中盖度草地和灌木的供水量增加，林地、低盖度草地、湿地、建设用地和裸地的供水量减少。

增加农田和草地的供水有利于增加粮食生产和生态系统生产力。减少对建设用地、裸地和湿地的供水也是有利的，因为这将减少土地侵蚀和径流。未来的土地利用规划应考虑如何增加林地和低覆盖率草地的供水，以改善这些生态系统。

参考文献

Aihong Gai F, Guozhang Cen S（2015）Evaluate on land use/cover change and land ecological security in Qingyang city, 1st edn. China Meteorological Press, Beijing.

Baopu F'（1981）On the calculation of evaporation from soil. Acta Meteorol Sinica 39（2）:226–236

Gengxu Wang F（2009）Hydrologic effect of ecosystem responses to climatic change in the source regions of Yangtze River and Yellow River. Adv Clim Change Res 5（4）:202–208.

Jiyuan Liu F（2018）Spatio-temporal patterns and characteristics of land-use change in China during 2010–2015. Acta Geogr Sin 73（5）:789–802.

Quanqin Shao F（2010）The characteristics of land cover and macroscopical ecology changes in the source region of three rivers on Qinghai. Geogr Res 29（8）:1439–1451.

Shimei Li F（2010）Flow process of water conservation service of forest ecosystem. J Nat Resour 25（4）:585–593.

Tallis H（2015）Mitigation for one & all: an integrated framework for mitigation of development impacts on biodiversity and ecosystem services. Environ Impact Assess Rev 55（2015）:21–34.

Tao Pan F（2013）Spatiotemporal variation of water source supply service in Three Rivers Source Area of China based on InVEST model. Chin J Appl Ecol 24（1）:183–189.

Yifeng Li F (2013) Effects of land use change on ecosystem services, a case study in Miyun reservoir watershed. Acta Ecol Sin 33 (3):0726–0736.

Ying Wang F (2013) Eco-environment changes and countermeasures in the Yellow River source region. J Arid Meteorol 31 (3):550–557.

Zhang Y (2004) Water and heat transfer mechanics in the soil-plant-atmosphere continuum and regional evapotranspiration mode. J Grad Sch Chin Acad Sci 21 (4):562–567.

Zhiming Li F (2017) Change and prediction of the land use in Harbin city based on CA-Markov model. Chin J Agric Resour Reg Plann 38 (12):41–48.

九龙江流域河流结构及空间布局

Rong Sun, Yarong Zheng, Fuguo Chen

摘要：九龙江位于中国福建省南部，流域属湿润型亚热带季风气候带。本文基于地理信息系统和九龙江流域的空间关系、自然和社会环境，研究了九龙江的河流结构和空间格局，得出如下结果：（1）九龙江流域建立了七级支流，一级支流占该流域的50%；（2）不同生态功能区的河流等级和长度有所不同；（3）海拔、梯度随河流等级的升高而降低；（4）沿河方向人口密度和国内生产总值发生了变化，即河流级别越高，人口密度和国内生产总值越大。结合高度、坡度、人口、国内生产总值、河流层次等参数进行分析，结果显示，河网具有典型的空间差异特征，与自然因素有关，并受社会因素的影响。这意味着层次管理策略应应用于河流管理。

关键词：九龙江；自然因素；河流等级；自然因素；空间模式

1 引言

河流生态系统是流域研究和管理的关键因素。Vannote 等（1980）指出，河流从其源头的汇水区域开始，然后汇流成更大的水流，形成一个独特而完整的连续体，这就是河流连续体概念。河流组成网络，这些河流可以带来水、有机物和生物（Yuan et al. 2007）。20世纪40年代以来，国际上一直将水系视为一个完整的系统进行研究。最近的研究主要集中在流域的生态过程、人为干扰及其机制上（Sun et al. 2014, 2017）。Horton 和 Strahler 基于他们的观察和实验，提出了水系的 Horton 定律。特别有用的是，我们使用了由Strahler建立的河流层次系统，作为河流、河段、流域和小流域的指标（Merot et al. 2009）。20世纪90年代以后，随着地理信息系统（GIS）的应用，盆地结构分析的维度和精度进一步提高（Puente et al. 1996；Grave et al. 1997）。Wang等人（2002）用GIS分析了秦淮河的空间特征，Zhang等人（2002）用模型分析中国东北山区的集水区。Yuan等人（2007）分析了上海的水系并探究了城市化对河流结构的影响。由于河流有其受地质和气候参数等区域因素影响的方式，不同的河流结构确实会影响汇流、洪水过程（Rui，2004），以及水文网和水质（Han et al. 2004）。因此，有必要加强对不同流域结构的研究，以更有效地保护和开发河流资源（Dong，2009）。20世纪以后，随着环境问题的加剧，加之河流的复杂性，基于流域观点的河流治理越来越受到国内外的重视。1933年，美国颁布了《田纳西河流域管理法》。1984年，法国颁布了《水法》。英国于1974年成立了泰晤士水务局。中国于2011年颁布了《太湖流域管理条例》，表明国内河流管理已逐渐从水域过渡到更为完整的流域。九龙江流域位于福建省东南部，具有完整的小流域地理结构，与同纬度其他亚热带季风气候区相比，它是自然植被保存较好的地区之一。对河流等级系统和河流空间格局的分析，为探讨河流与流域综合治理之间的相互关系和相互作用提供了基础材料，对维持河流生态系统的可持续发展具有重要意义。

2 研究方法

2.1 研究区域

九龙江位于福建省南部，是福建省第二大河流，由北溪源头和西溪源头组成。北支流长约274 km，平均梯度2.4‰，年平均流量约281.4 m³/s；西溪河长约166 km，平均梯度3.1‰，年平均流量117 m³/s。流域中依次分布山地、低山地、高丘陵、平原和丘陵区，有山脉和山谷，山脊向东北（NE）和北-东北（NNE）方向延伸；流域属南副热带和中副热带，为亚热带海洋性季风气候，年平均气温为19.9～21.1°C，年平均降水量为1 400～1 800 mm（Deng et al. 2013）。流域植被组成复杂，表现出明显的传递性特征。天然植被主要为亚热带常绿混交林、针阔混交林和针叶林，目前主要为人工次生林和人工果林（Hong et al. 2008）。2005年底，流域主区龙岩、漳州、厦门总人口897.42万人，地区生产总值增长 2 020.74 亿元，本流域人口与 GDP 占福建省的比例分别为 25.93% 和 30.76%。

2.2 数据来源

以 1 : 10 000 地质图为基础层，利用 ARC/INFO 建立 DEM（Digital Elevation Model）和坡度。利用中巴地球资源卫星（CBERS）2008 年 7 月的数据，对归一化植被指数（NDVI）进行了预估。为了研究不同的覆盖情况，将分层排水网划分为不同的缓冲带，缓冲带的设置原则为一级河流两侧各 100 m，二级河流两侧各 200 m，以此类推，七级河流是两侧各 700 m。然后提取每条河流的 NDVI，生成从一级到七级每条河流的覆盖情况。地质、水文资料来源于《福建省自然地图集》。

2.3 自然环境和社会环境因素

根据《福建省自然地图集》中福建省生态功能区划，对九龙江流域进行了生态功能区划。自然环境因素以纬度、梯度为代表；社会环境因素以流域人口密度和 GDP 为代表。根据地貌特征，结合森林植被分布和人为干扰，将流域划分为：平原地形和以下地区（250 m 以下），低山区（250～500 m），高山区（500～750 m），低山地形（750～1 000 m），中山地形（>1000 m）。基于坡度，分为缓坡（5°），斜坡（5°～15°），陡坡（15°～25°），急坡（25°～35°）和危险坡（>35°）。人口密度和 GDP 根据 2003 年 1 km² 网格的空间化人口数据和 ARC/INFO 下的 GDP 数据进行区分，人口密度类别有：≤ 250 人/km²，>250 人/km² 且 ≤ 500 人/km²，>500 人/km² 且 ≤ 750 人/km²，>750 人/km² 且 ≤ 1 000 人/km²，>1 000 人/km²。GDP 类别有：≤ 2.5×10⁶ 元/km²，>2.5×10⁶ 且 ≤ 5.0×10⁶ 元/km²，>5.0×10⁶ 且 ≤ 7.5×10⁶ 元/km²，>7.5×10⁶ 且 ≤ 1.0×10⁷ 元/km² 和 >1.0×10⁷ 元/km²，然后从 ArcGIS 系统中提取在不同高程、坡度、人口密度和 GDP 等级的河流分布。

3 结果

3.1 九龙江空间格局

利用 ARC/INFO 水文分析模块，根据九龙江流域的地貌、坡度、出露及其相互关系和水流耦合特征，建立了九龙江流域的层次体系。流域有七级河流，其中一级河流占流域水量和长度的 50% 以上，流域密度为 0.259 km/km²。随着河流坡度的增加，河流的数量和长度呈减少趋势，七级河流是由北溪和西溪在河口汇合形成的。由于河口岛屿的存在，河流分为北港、中港和南港（表 1）。

表 1　九龙江河流沿岸属性

河流等级	数量	长度（km）	密度（km/km²）	分叉率
一级	2 181	3 846	0.259	3.97
二级	550	1 854	0.125	3.97
三级	139	1 047	0.070	4.21
四级	33	556	0.037	4.71
五级	7	184	0.012	3.50
六级	2	157	0.010	2.00
七级	–	22	0.001	–
总计	2912	7 666	–	–

3.2　河流分布的区域分异

以九龙江流域生态功能区为基础，提取不同生态功能区的形态，计算出不同等级河流的数量和长度（表 2）。从表 2 可以看出，其生态功能区内河流的数量和长度差异很大。数量和长度分别居首位和第二位的分别是果茶生产和水土保持生态区、山地水土保持区和林业生态功能区。最后两个是山地自然生态恢复与维护及水土流失治理生态功能区、文化遗产保护和旅游生态功能区。

3.3　自然环境因素影响下的河流空间格局

海拔高度。河流分布随高程变化见表 3（图 1a）。750 m 以上地区的河流数量和长度均低于其他地区。从数量上看，海拔 250~500 m 之间的河流流域面积最大，在海拔 500~750 m 之间的河流长度最长。

梯度。5 种梯度地区河流分布情况见表 4（图 1b）。结果表明：坡度小于 15° 的地区河流数量最多，而坡度大于 35° 的地区河流数量较少。

表2 九龙江不同生态功能下河流结构空间格局

生态功能区	一级 数量	一级 长度	二级 数量	二级 长度	三级 数量	三级 长度	四级 数量	四级 长度	五级 数量	五级 长度	六级 数量	六级 长度	七级 数量	七级 长度	总数	总长度(km)
果茶生产与水土保持生态区	670	1 014.8	164	496.2	49	231.3	18	223.3	3	76.1	1	77.7			905	2 119.4
城市生态功能区	165	291.2	48	132.5	13	77.8	2	44.3			1	25.9	3	64.0	232	635.7
流域农业生态功能区	81	144.1	20	101.8	4	28.1	1	31.9	3	49.8	1	25.9			110	381.6
水源涵养和生物多样性保护功能区	265	491.0	74	270.0	25	156.0	5	71.4	3	34.0					372	1 022.4
流域、河谷、旱地农业和水土保持生态功能区	261	402.3	69	163.2	13	125.0	6	11.0							349	701.5
山地水土保持区和林业生态功能区	582	1 078.3	137	511.8	37	323.4	9	13.3	3	19.5	1	47.0			769	1 993.3
山地自然生态恢复蓄水功能区	77	98.4	28	43.8	7	22.2									112	164.4
山地农失恢复与维护水土流失治理生态功能区	39	37.3	11	9.6	1	0.5									51	47.4
山地高原农业生态功能区	65	86.1	20	66.0	8	38.4	1	11.4							94	201.9
文化遗产保护和旅游生态功能区	38	64.1	4	12.6	1	27.1	1	2.9							44	106.7
饮用水流域保护生态功能区	55	102.3	23	54.9	6	22.2	1	7.1							85	186.5
中心城市生态功能区	61	77.3	31	57.4	16	33.5	4	13.3	1	8.4	2	19.4			115	209.3

表3　九龙江不同高程河流结构空间格局

高程（m）	一级 数量	一级 长度	二级 数量	二级 长度	三级 数量	三级 长度	四级 数量	四级 长度	五级 数量	五级 长度	六级 数量	六级 长度	七级 数量	七级 长度	总数	总长度（km）
≤250	716	852.4	213	399.1	67	227.5	22	151.4	6	76.8	2	196.0	3	64.0	1 029	1 967.2
250~500（含）	968	917.7	273	545.9	69	269.4	18	286.6	4	106.9					1 332	2 126.5
500~750（含）	868	1 039.1	186	635.8	43	401.9	4	117.8							1 101	2 194.6
750~1 000（含）	442	790.8	68	237.1	10	148.1									520	1176
>1 000	82	228.2	5	35.9											87	264.1

表4　九龙江不同坡度河流结构空间格局

坡度	一级 数量	一级 长度	二级 数量	二级 长度	三级 数量	三级 长度	四级 数量	四级 长度	五级 数量	五级 长度	六级 数量	六级 长度	七级 数量	七级 长度	总数	总长度（km）
≤5°	2 146	986.5	550	654.5	139	419.2	33	299.8	7	130.6	2	152.9	3	62.1	2 880	2 705.6
5°~15°（含）	1 876	1 324.0	450	557.7	117	272.2	27	115.5	6	27.0	2	25.2	3	2.0	2 481	2 323.6
15°~25°（含）	934	1 051.6	216	430.0	61	231.8	18	90.4	4	14.3	1	12.7			1 234	1 830.8
25°~35°（含）	232	390.5	45	166.8	20	105.2	10	38.7	2	7.0	1	5.6			310	713.8
>35°	37	70.4	5	32.76	1	18.5	3	11.2	1	4.8					47	137.66

（a）河流沿线高程　　　　　　　（b）河流沿线梯度

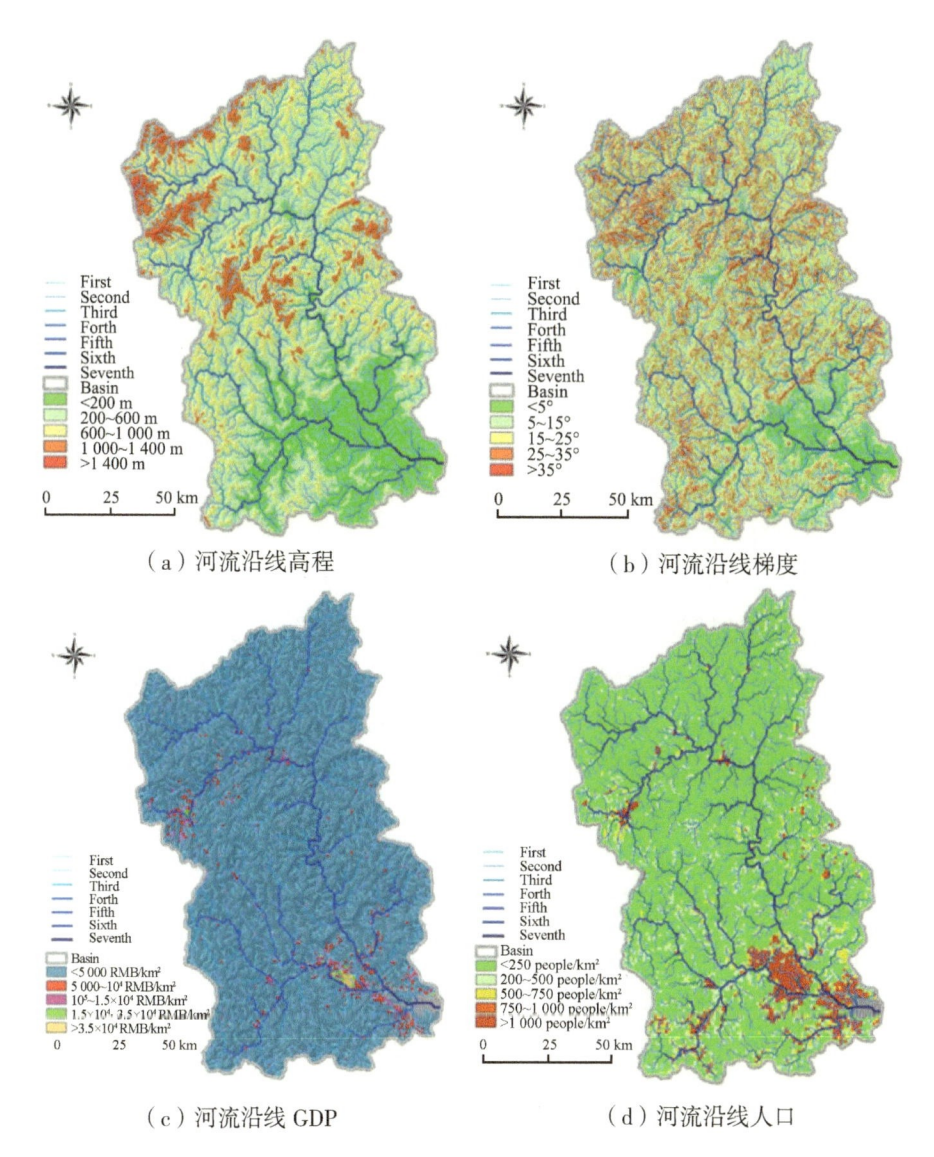

（c）河流沿线 GDP　　　　　　　（d）河流沿线人口

图 1　河流空间格局与自然社会因素关系

3.4　社会环境因素影响下的河流空间格局

人口密度。不同人口密度等级区域河流结构空间布局如表 5 所示，人口密度小于 250 人 /km² 和大于 1 000 人 /km² 区域的河流长度大于其他 3 个区域的河流长度（图 1c）。在人口密度超过 1 000 人 / km² 的地区，不同等级河流的数量和长度都有所下降。结合现场调查，七级河流为潮汐水道，以河口岛屿划分3条支流入海，所研究的河流缓冲带内属于海洋区和滩涂区，其人口密度未计算在内。

流域内不同GDP等级下河流结构空间格局如表6所示。从表6可以看出，不同GDP分层带内河流数量和长度随GDP的变化而变化，总体呈递减趋势（图1d）。GDP等级最低的地区河流数量最多，河流最长，超过其他四个等级。GDP大于1.0×10^7元/km^{2}的地区河流在数量和长度上均呈现异常趋势。与普查相似，第七层级主要由海洋和海滩组成，GDP未计算。

4 讨论

九龙江流域位于福建省南部，是典型的亚热带湿润气候山地河流。流域由于受到河流梯级水电开发的强烈影响（Zhang et al. 2002），与自然环境因素（表2、3）和社会环境因素（表4、5）呈现出相关变化趋势。Vannote等人（1980）指出河流是一个连续的整体，强调生态系统的结构和功能与其所处的流域是统一的。上下游的统一不仅意味着地质上的联系，而且意味着两个生态系统之间的结构、功能和生态过程的联系。由于物理、化学和生物因素的影响，河流呈现连续的等级分布，在低等级河流中更加明显。这些河流仅仅受人类行为的影响，因此更容易保持它们的自然演替。

Zhang（1995）指出，河流大小与流域大小的差异可以反映其动力特性（特别是河流流量）的差异，其坡度、宽度、切割深度、最大高度截距等盆地地貌要素也有明显的区别。Asa等人（2007）发现不同等级的河流随着其自然条件如地形、地质、土壤、降水和人类影响等不同呈现出规律性的分布格局。根据这一研究，九龙江流域主要是由低等级的河流组成，一级河流在该流域数量最多，长度最长（表1）。九龙江起源于白垩纪侵入岩，其透水性小且抗腐蚀性强，而下游的地质岩性主要为沉积岩和砂岩，形成了分布不同地区之间的差异（Li，2005）。Khomo和Rogers（2009）也发现了等级与河流地貌之间的统一。随着等级的变化，河流两岸的地貌也随之变化，呈现出相应的规律性。本研究还表明，河流的等级分布与纬度和梯度密切相关（表3和表4）。Strahler发现，建筑影响较小的河流分流率一般为3.0~3.5（Li，2005）。人们普遍承认，一旦主要河流的开发比其支流的开发要弱，就一定有迹象表明这条河流受到了强烈的地壳运动和构造过程的影响（Armitage et al. 1995）。研究表明，三级和五级河流受构造运动影响较小，二级和六级河流受构造运动影响明显。

根据地质调查资料,这些地区主要由含煤的碎砾岩和砂岩组成。另一方面,这里的河流分流率普遍低于平均分流率,属于缓坡带。Khomo 和 Rogers 的研究表明,在湿润气候条件下,透水性小、抗侵蚀性强、植被覆盖率高的地区,其排水净流量低于其他地区(Khomo et al. 2009)。九龙江流域的空间分布与普通流域一样,受纬度、坡度、地质岩性、土地覆盖等因素的影响(Chen et al. 1999)。

从不同等级河流在各生态功能区的分布情况可以看出,一级河流覆盖了流域内所有的功能区,六级河流覆盖了 5 种生态功能区,只有 1 种生态功能区被七级河流覆盖。河流所覆盖的功能区数量随着河流等级的增加而减少,部分原因是高等级区的河流数量低于低等级区的河流数量,高等级河流所处的地形始终是平原,纬度低,再加上人口密度高的限制,简化了其生态功能区。一至七级河流所覆盖的生态功能区变化较大,包括山地自然生态恢复蓄水功能区、山地自然生态恢复与维护及水土流失治理生态功能区、山地高原农业生态功能区等,没有高等级河流,以低等级河流为主的文化遗产保护和旅游生态功能区和饮用水流域保护生态功能区。我们可以通过比较不同等级河流的长度得到同样的结论:几乎每条高等级河流都位于人口聚集或经济繁荣的地区,或纬度低和坡度较缓地区,或者位于坡度较缓的山谷地区。

这项研究发现,河流的总数量和长度随人口密度的增加而减少,然而,地区人口超过 1000 人 /km^2 后有一个不同趋势,这主要是由于河流等级增加,纬度和梯度降低,河流变得平缓,更适合人类生活。自人类诞生以来,河流就与人类和人类社会的发展紧密相连(Chen et al. 2017)。人口密度在 750～1 000 人 /km^2 之间和人口密度大于 1 000 人 /km^2 的地区,二级、四级、五级和六级河流长度均较低级河流长度长。随着河流等级的增加,受河流影响的人口也在增加,人类对其的影响也在增加。在人口密度低的地区,由于纬度高、坡度陡、生活条件恶劣,存在大量的低等级河流,其数量和长度都比其他等级河流长。而在人口密度大于 1000 人 /km^2 的地区,河流一般位于城镇(Shao et al. 2007)。当谈到城市的发展,城市依赖于河流是理所当然的,人类有生活在河流附近的趋势。实地调查表明,在高纬度地区,河流对周围环境的影响更大,地貌类型和植被类型与两岸有很大的相似性。由于纬度高和低人为干扰,河流保持了自然状态。低纬度的河流较宽,流量大,河岸上有典型的植被。这些地区有较多的人为干扰,人为影响也较多。高等级河流主要分布在高 GDP 和高人口密度地区,表 5 和表 6 也证实了上述理论。Zhang 等人发现河流层次结构与河流海拔直接相关,即越低层次结构的河流其海拔越高。研究表明,九龙江流域的河流层次与其梯度之间的关系类似于上述规律(Zhang et al. 2002)。随着河流的层次结构的增加其数量明显下降(表1),水流聚集在少数河道中,流动性大,河道和河岸的侵蚀和切口加剧,河流切入并加宽水面宽度,从而使下游支流流速变缓,梯度下降。

观察九龙江流域涉及的三个城市的数据,2005年福建省的人口为35 350 000,人口密度为291.00人/km^2,龙岩、漳州和厦门的人口密度分别是总人口密度的51.89%、124.74%和310.31%,说明人口密度对高等级河流下游区域的影响较大,给生态环境带来较大压力,并可能成为未来发展的障碍。因此,需要认真解决这一问题,这也是流域生态环境研究中的一个具有普遍性的重大问题。

人们的生存依赖于对水资源的索取,即流域可以提供人类所需要的物质基础,也可以接收人类行为产生的废弃物。如果一个流域的人口是巨大的,并且它有很大的增长速度,人类行为释放的污染物将不断增加。随着现代工业的发展和人口密度的增加,大量未经处理的污水和工业废水直接排入水体,将导致水体污染加剧。在九龙江流域城市化进程中,不仅要重视城市污水的集中处理和污水回用,还要重视农村污水的回收利用和生态处理。一旦农村污水的再利用问题得以找到方法解决,将缓解水资源短缺的矛盾,降低污水处理成本,同时是一个很好的可减少化肥使用的方法,一定程度上解决化肥造成的污染。研究还发现,在九龙江流域,GDP和人口密度在高等级河流上有收敛的趋势。人口密度高、GDP高的地方,有高等级的河流,一方面这是由于那里的地形适合人类生存和工业发展,也是因为人类生活依赖水的天性;另一方面,工业和农业的发展都离不开水,所以,河两岸的工农业越发达,GDP就越高。

根据Strahler的分级方法,低等级河流是高等级河流的源头,高等级河流是低等级河流的汇流(Yu et al. 2009)。高等级河流的水文生态状况会受到低等级河流的影响。下游旱涝灾害与上游生态系统的破坏有直接关系。

我们经常把大量的资金和资源花在下游的治理上,而对上游河流的管理和保护却不重视,导致上游水土流失,下游洪水泛滥。九龙江流域的管理方法应该是分层管理策略,加强保护一级和二级河流,修复一些损坏的栖息地,充分考虑生态用水需求之间的联系,保持三级和四级河流栖息地,保持下游河流生态健康,重视非点源污染对五至七级河流健康状况的影响。

表 5 九龙江不同人口密度等级下河流结构空间格局

人口密度 （人/km²）	一级 数量	一级 长度	二级 数量	二级 长度	三级 数量	三级 长度	四级 数量	四级 长度	五级 数量	五级 长度	六级 数量	六级 长度	七级 数量	七级 长度	总数	总长度 （km）
≤250	1 840	2 747.1	446	1 188.6	122	57.4	29	40.8	6	93.2	2	13.5	2	11.4	2 447	4 152
250~500（含）	768	530.6	278	314.7	87	45.2	27	42.6	7	37.9	2	16.2	1	1.9	1 170	989.1
500~750（含）	373	251.1	146	156.1	43	81.5	18	49.9	4	31.5	2	13.1	1	1.2	587	584.4
750~1000（含）	144	107.8	72	71.4	22	159.6	10	97.7	3	5.3	2	35.3	3	2.5	256	479.6
>1 000	164	162.9	48	102.7	24	701.8	11	321.8	4	15.7	2	116.8	3	4.4	256	1 426.1

表 6 九龙江不同 GDP 等级下河流结构空间格局

GDP（元/km²）	一级 数量	一级 长度	二级 数量	二级 长度	三级 数量	三级 长度	四级 数量	四级 长度	五级 数量	五级 长度	六级 数量	六级 长度	七级 数量	七级 长度	总数	总长度 （km）
≤2.5×10⁶	1 994	3 147.6	491	1 424.6	127	783.7	29	379.4	6	91.3	2	105.0	3	21.5	2 652	5 953.1
2.5×10⁶~5.0×10⁶（含）	191	115.6	89	70.3	41	46.3	16	30.4	4	9.0	2	8.2			343	279.8
5.0×10⁶~7.5×10⁶（含）	184	101.0	73	49.0	35	39.3	12	22.9	6	16.6	2	6.7			312	235.5
7.5×10⁶~1.0×10⁷（含）	117	65.4	70	49.7	31	26.7	14	19.5	4	9.0	2	7.4			238	177.7
>10⁷	414	369.1	190	240.0	67	150.0	21	101.2	2	57.9	2	67.0	2	4.3	698	989.5

5 结论

本研究以九龙江流域为例，分析了河流等级与纬度、梯度、人口密度和区域 GDP 的关系。研究表明，河流可划分为七个等级，其中一级河流的河流数量和长度均大于其他等级河流，构成流域的主要排水网。

河流也是生态系统完整性的重要组成部分。果茶生产与水土保持生态区、山地水土保持区和林业生态功能区河流数量和长度占优势。文化遗产保护和旅游生态功能区河流最少，山地自然生态恢复与维护及水土流失治理生态功能区河流最短。从海拔分布来看，高等级河流多分布在低海拔地区。在梯度分布上，高等级河流大多位于梯度较低的区域。随着人口密度的增加，河流的分布呈减小趋势；而在人口密度大于 1000 人 /km^2 的地区则相反。与人口密度相似，河流数量和长度随 GDP 的增加而减少；然而，在 GDP 最高的地区，这个规律不成立。

本研究探讨了河流的空间格局，为河流环境和河流资源的开发利用提供了重要参考。考虑到河流生态系统的重要功能，下一步应该专注于河流的空间分布，特别是其分布和下列因素之间的关系：人口、GDP 和建设区域等，从而对区域经济发展起到引导作用，提供反馈机制。

致谢： 本研究受国家自然科学基金（No. 51509094, 31500394）及华侨大学研究生科研创新能力培育项目支持。

参考文献

Armitage PD, Pardo I（1995）Impact assessment of regulation at the reach level using macro inver tebrate information from mesohabitats. Rivers Res Manag 10（2–4）:147–158.

Asa B, Nilsson C, Svante H（2007）The potential role of tributaries as seed sources to an impound- ment in northern Sweden: a field experiment with seed mimics. River Res Appl 23（10）:1049–1057.

Atlas of Fujian, China（2009）Fujian Map Press, Fuzhou.

Chen LF, Jia WY（2017）Research of the relationship between the river and core blocks of county- level cities in Shandong province. Geogr Sci Res 6（1）:9–19.

Chen JQ, Londo HA, Megown RA, Zhang QF, Boelema WJ, Hoefferle AM, LaCroix

JJ, Londo AJ, Markovic KA, Olson ML, Owens KE（1999）Stream structure across five mountainous watersheds in the continental United States. Acta Ecol Sin 19（1）:30–41.

Deng WQ, Sun R, Li XM, Lu D, Yang Q, Lu KY（2013）Flora study of riparian plants on the mountain river banks of the Jiulongjiang river headstream. Plant Sci J 31（5）:467–476.

Dong ZR（2009）Framework of research on fluvial ecosystem. J Hydraul Eng 40(2):129–137.

Grave A, Davy P（1997）Scaling relationships of channel networks at large scales: examples from two large-magnitude watersheds in Brittany, France. Tectonophysics 269（1–2）:91–111.

Han LX, Zhu Y, Yang JD（2004）Analysis of influence of local variation of water system on water regime and water quality of river networks. Water Resour Prot 20（4）:31–41.

Hong HS, Cao JL, Cao WZ（2008）Agricultural non-point source contamination mechanism and control technology in Jiulongjiang river watershed. Science Press, Beijing.

Khomo L, Rogers KH（2009）Stream order controls geomorphic heterogeneity and plant distribution in a savanna landscape. Austral Ecol 34（2）:170–178.

Li CJ（2005）Characteristics of water system by the GIS analysis in Hunchun river basin. J Yanbian University（Nat Sci）31（4）:308–311.

Merot P, Walter C, Montreuil O, Mourier B（2009）Using the stream order to model the internal structure and function of the wetlands within a catchment from the head water to the sea. Geophys Res Abstr 11（4）:2009–3022.

Puente CE, Castillo PA（1996）On the fractal structure of networks and dividers within a watershed. J Hydrol 187（1–2）:173–181.

Rui XF（2004）Principles of hydrology. China Water Press, Beijing.

Shao HY, Zhu Y（2007）'In situ urbanization' in the desakota region of the surrounding area of large cities: case study from Fuzhou municipality. Market Demographic Anal 13（1）:12–19.

Sun R, Deng WQ, Yuan XZ, Liu H, Zhang YW（2014）Riparian vegetation after dam construction on mountain rivers in China. Ecohydrology 7（4）:1187–1195.

Sun R, Liang SM, Qiu SK, Deng W（2017）Patterns of plant species richness along the drawdown zone of the Three Gorges Reservoir 5 years after submergence. Water Sci Technol 75（10）:2299–2308.

Vannote RL, Minshall GW, Cummins KW, Sedell JR, Cushing CE（1980）The river continuum concept. Can J Fish Aquat Sci 37（1）:130–137.

Wang Q, Zou XQ, Zhu DK（2002）On the dimensions of Qinhuai river networks based on the GIS technology. Adv Water Sci 13（6）:513–526.

Yu J, Sun MM, Cao Y, Lin BY, Yan QB (2009) The river hierarchical classification based on ecological function: a case of Zhejiang province. Geogr Res 28 (4) :1115–1127.

Yuan W, Yang K, Wu JP (2007) River structure characteristics and classification system in river network plain during and course of urbanization. Sci Geogr Sinica 27 (3) :401–407.

Zhang GK (1995) A study of varied nature of mountains river. J Sichuan Union University (Eng Sci Ed) 3 (1) :11–19.

Zhang J, Jiu GS, Ge JP (2002) Model and analysis of structure for watershed and river in mountain area of northeast of China. J Beijing Normal University (Nat Sci) 38 (3) :231–234.